ENCYCLOPÉDIE SCIENTIFIQUE

DES

AIDE-MÉMOIRE

PUBLIÉE

SOUS LA DIRECTION DE M. LÉAUTÉ, MEMBRE DE L'INSTITUT

Ce volume est une publication de l'Encyclopédie scientifique des Aide-Mémoire : L. ISLER, Secrétaire Général, 20, boulevard de Courcelles. Paris.

.

Nº 412 B.

ENCYCLOPÉDIE SCIENTIFIQUE DES AIDE-MÉMOIRE

PUBLIÉE SOUS LA DIRECTION

DE M. LÉAUTÉ, MEMBRE DE L'INSTITUT.

HYGIÈNE DE L'HABITATION

SOL ET EMPLACEMENT.
MATÉRIAUX DE CONSTRUCTION

PAR

M. BOUSQUET

Architecte de la Ville de Mantes

PARIS

GAUTHIER-VILLARS, | MASSON ET Cie, ÉDITEURS

IMPRIMEUR-ÉDITEUR | LIBRAIRES DE L'ACADÉMIE DE MÉDECINE

Quai des Grands-Augustins, 55 | Boulevard Saint-Germain, 120

AVANT-PROPOS

—

L'apparition sur la Terre de l'architecture proprement dite, c'est-à-dire de l'application des
matériaux ligneux et minéraux aux diverses
exigences du logement humain, est sans doute infiniment postérieure à la naissance de l'humanité. Pour si intéressants soient-ils, nous ne sui-
vrons pas les progrès et aussi les défaillances de
l'architecture depuis son point de départ : grotte
taillée dans le roc ou hutte faite de branchages
jusqu'à nos constructions modernes ; il ne s'agit
pas d'ailleurs, dans ce volume, de tracer, même
rapidement, les linéaments d'une philosophie
de l'habitation.

Abri très primitif à l'origine, l'habitation a
suivi l'évolution générale des peuples, reflétant
fidèlement leurs goûts, leurs aspirations, leur
vie et leur idéal. Si elle a toujours une grande
prépondérance sur la vie intellectuelle et mo-
rale de l'homme, l'influence qu'elle exerce sur

sa santé, celle de sa famille et, par suite, sur celle
de la nation, n'en est pas moins considérable.
« L'idéal de l'habitation, au point de vue hygiénique, serait, nous dit le Dr Arnould, une création
qui soustrairait l'individu, la famille ou les grou-
pes à l'action des propriétés physiques de l'atmosphère dans la mesure convenable et rien que
dans cette mesure, en même temps qu'elle per-
mettrait aux intéressés de jouir de l'intégrité
parfaite des propriétés chimiques et biologiques
de l'air ». Cet idéal, convenons-en, est difficile
à atteindre. Malgré les progrès réalisés dans la
technique de la construction et le génie sanitaire, les causes d'altération du milieu artificiel
circonscrit par l'habitation, sont, en effet, trop
nombreuses et trop variées pour que l'on puisse
les éviter toutes, ce qui ne veut pourtant pas
dire qu'on ne doive pas lutter contre elles.

L'habitation, milieu dans lequel la majorité
de l'humanité passe la meilleure partie de son
existence, comprend, non pas seulement le
bâtiment (et ses annexes), mais aussi l'atmosphère qui l'environne et le sol sur lequel il
est construit et avec lequel il est en intime
rapport. Les causes capables de rendre ce milieu
insalubre, c'est-à-dire incompatible avec l'exer-
cice normal des fonctions de l'organisme, ont

pour origine ces deux sources, le bâtiment et le
sol, d'une part, la vie en commun dans un
espace limité, d'autre part.

La pénétration de l'humidité et des émanations
du sol dans l'intérieur de l'habitation, la viciation de l'air par les produits de l'expiration de
ceux qui y vivent, par les produits de combustion des appareils de chauffage et d'éclairage,
par les poussières, par l'accumulation et la décomposition des déchets organiques de toute
sorte, la réunion d'un plus ou moins grand
nombre d'individus dans une atmosphère con-
finée et dans un espace restreint qui a pour conséquence d'augmenter à l'infini les chances de
contagion, l'absence ou l'accès trop parcimo-
nieusement ménagé de ce puissant agent d'assainissement qu'est le soleil, l'insuffisance d'une
eau très pure pour la boisson, d'imparfaits ou
trop rares soins de propreté, sont des faits
rendant un milieu suspect à l'hygiéniste. C'est
pour les éviter ou les combattre que l'hygiène,
qui n'est plus cette science théorique, de livre
et de cabinet de jadis, mais une science d'application empruntant à la physique, à la chimie et
à la biologie leurs données pour les mettre en
pratique, réclame un cube d'air, une ventilation
et un éclairage suffisant des locaux habités,

qu'elle exige aussi une installation rationnelle des water-closets et des éviers, l'établissement de fosses et de canalisations étanches et d'égouts. C'est pour empêcher la viciation de l'air et assurer la propreté des habitations que la *salubrité publique* demande des voies larges, scientifiquement orientées, bien entretenues, des constructions pas trop élevées, un service régulier d'enlèvement des résidus et des matières usées, une alimentation suffisante des logements en eau potable. C'est pour combattre les dangers de contamination par les microbes, auteurs aujourd'hui reconnus des maladies infectieuses, que l'hygiène préventive préconise en même temps que l'isolement des malades, la désinfection pendant et après la maladie.

Sont-elles légitimes ces exigences ? Il est un fait reconnu, c'est que les maisons mal éclairées, mal ventilées et humides deviennent des maisons de valétudinaires ; la morbidité de ces maisons insalubres sert précisément de critérium dans la plupart des lois — notamment dans la loi anglaise et dans la loi française — pour l'application des mesures sanitaires qui incombent aux municipalités.

Le manque de lumière et l'humidité combinent la plupart du temps leur action. Le manque de lumière ralentit les phénomènes de nutrition et il y a longtemps que la bactériologie a démontré que la lumière solaire et même la lumière diffuse sont de réels agents bactéricides. Là où pénètre le soleil ne vient pas le médecin, dit un adage italien. Dans une atmosphère saturée d'humidité, les exhalaisons pulmonaires et cutanées sont réduites à leur minimum, tandis que le rein et les muqueuses se trouvent surmenés ; en outre, le corps y subit une soustraction exagérée de calorique. L'humidité des parois d'un appartement supprime la ventilation naturelle de porosité et, en plus, la situation se complique des inconvénients de l'air confiné. L'hématose est troublée, la nutrition en souffre et les éléments cellulaires perdant leur vitalité, la force de résistance de l'organisme disparaît.

Si l'on se rappelle que le développement des microbes saprophytes et pathogènes est favorisé par l'humidité, cela explique les statistiques montrant que les maladies transmissibles sont moins fréquentes dans les locaux secs que dans ceux qui sont humides ; les affections catarrhales, les bronchites, les pneumonies et la tuberculose se développent aisément dans ces derniers, aussi l'hygiène s'oppose-t-elle à ce que des gens fassent, pour ainsi dire, métier d'essuyer les plâtres des constructions neuves.

L'air vicié des appartements encombrés, malpropres ou mal ventilés, est un air dont la teneur en oxygène est diminué, tandis que celle en acide carbonique est augmentée ; c'est un air renfermant des gaz délétères, surchauffé, saturé de vapeur d'eau et dans lequel flottent des poussières et leurs nombreux microbes. L'oxygénation du sang s'y fait incomplètement, la vigueur des cellules s'y amoindrit, les fonctions nu‑tritives s'y accomplissent paresseusement, toutes choses qui diminuent la résistance de l'organisme. On respire donc un air malsain conduisant à l'anémie, prédisposant au rachitisme, à la scrofule et à la uberculose. Cela fait comprendre pourquoi les quartiers pauvres et surhabités des villes sont les quartiers les plus sérieusement frappés en temps d'épidémie.

Toutefois, la viciation de l'air des habitations n'est pas exclusivement produite par les fonctions de la respiration pulmonaire et cutanée des individus ; le chauffage et l'éclairage introduisent parfois, dans les pièces habitées, des foyers de combustion qui peuvent amener dans l'atmosphère de ces locaux, non seulement de l'acide carbonique (lequel se surajoute à celui

déjà produit humainement), mais souvent aussi
un corps autrement dangereux, l'oxyde de carbone. Sans doute, ces foyers ont une action importante sur la ventilation, en faisant appel à
l'air extérieur par le tirage et en facilitant par
l'élévation de sa température l'issue de l'air de
la pièce vers le dehors ; mais alors, il faut s'ar-
ranger pour leur faire produire cet effet utile,
tout en évitant leur principal effet nocif qui est
le déversement dans la dite pièce des produits
de la combustion.

Quant au sol et à la construction elle-même,
un sol poreux et peu perméable, un sol composé du produit de la décharge publique ou
souillé par une canalisation mal établie, une
construction reposant directement sur le sol
sans espace libre, des murs trop minces ou complètement imperméables, l'emploi des matériaux
hygroscopiques et insuffisamment perméables
à l'air, etc., sont, nous le verrons par la suite,
autant de causes d'insalubrité ; enfin les défec-
tuosités d'installation des water-closets, des éviers
des canalisations, de l'entrevous des planchers
sont, dans les maisons mal édifiées, autant de
foyers d'infection.

L'influence des conditions de l'habitation à
l'égard de la mortalité ne saurait être niée. Si

l'on constate, depuis le milieu du xix⁰ siècle, une
diminution graduelle de la mortalité, cela tient,
en bonne part, aux progrès réalisés dans le domaine de la salubrité des villes et de l'habitation, progrès accomplis sous l'influence des
nombreux travaux des Pettenkofer, des Flügge,
des Pasteur, des Berthelot et de tant d'autres
savants.

De multiples observations sur ce point ont été
faites dans plusieurs pays. Oldendorff a prouvé
que, d'une façon générale, la mortalité est plus
grande à la ville qu'à la campagne et plus forte
dans les contrées de la campagne avec population industrielle que dans les contrées agricoles.
A Vienne, les quartiers où l'on constate 9 $^0/_0$ des
logements encombrés donnent une mortalité de
35 $^0/_{00}$, ceux qui n'ont que 1-2 $^0/_0$ de logements
encombrés donnent une mortalité de 17,22 $^0/_{00}$.
A Paris, le VIII⁰ arrondissement (Champs-Ély-
sées, Faubourg Saint-Honoré) a une mortalité de
10-15 $^0/_{00}$, alors qu'elle s'élève à 43 $^0/_{00}$ dans le
quartier mal construit de Montparnasse. A Mar-
seille, le quartier riche de la Préfecture a une
mortalité de 20 $^0/_{00}$, tandis que celui de l'Hôtel-
de-Ville pauvre et mal établi, a une mortalité
de 46 $^0/_{00}$. Londres, qui a une mortalité moyenne
de 20 $^0/_{00}$, la voit s'abaisser à 17 et même à 14 $^0/_{00}$

dans les quartiers rationnellement construits par
des sociétés philanthropiques. Bruxelles qui,
il y a 40 ans, avait une mortalité de près de
$32^0/_{00}$, l'a abaissée à $20^0/_{00}$ à la suite de l'adoption
d'un code de police sanitaire et de l'application
de mesures concernant l'habitation. L'influence
du surpeuplement, de l'encombrement, sur l'état
sanitaire des villes est, comme on le voit, bien
nette partout et y apparaît déplorable.

Des statistiques ayant trait à la *mortalité infantile* montrent qu'à côté des influences diététiques,
le surchauffage de l'organisme infantile dans les
logements étroits, encombrés, mal ventilés et
l'infection de l'habitation jouent leur rôle
(Dr Sandoz). Les enfants se développent mieux,
deviennent plus résistants à la maladie dans les
chambres ensoleillées que dans les appartements
sombres. Le Dr Lorcin a montré qu'à Paris, alors
que la mortalité infantile (de o à 1 an) est de
$154 \, ^0/_{00}$ dans les quartiers riches, elle atteint
$277 \, ^0/_{00}$ dans les quartiers pauvres. L'influence
de l'habitat ressort également d'observations
faites à Nancy par le Dr Zuber : classe bour-
geoise, mortalité entre l'enfance et l'adolescence,
$80 \, ^0/_{00}$; classe ouvrière indigente, $303,4 \, ^0/_{00}$.

Si d'autres facteurs peuvent intervenir dans
cette mortalité, comme un régime alimentaire

inférieur, parfois un état de misère physiologique des parents, etc., la plus grande part en
revient au logement et les statistiques montrent
nettement que la mortalité infantile est deux
fois plus forte dans les quartiers à mauvais logements.

L'influence des conditions défectueuses sur la
mortalité des enfants fait pressentir le rôle qu'elles
doivent jouer sur la marche et le développement
des maladies infectieuses et contagieuses. En ce
qui concerne la *tuberculose*, les remarquables
travaux de Brouardel et ceux de Juillerat sur le
casier sanitaire de la ville de Paris sont d'iné-
puisables mines de renseignements. Il existe à
Paris, nous dit ce dernier auteur, des foyers
tuberculeux intenses, qui rayonnent autour d'eux
et qui sont constitués par la maison elle-même.
La tuberculose revient sans cesse dans ces maisons funèbres et elle y existe à peu près à demeure.
On doit chercher dans la maison elle-même la
cause ou les causes de la persistance de la maladie. Ces causes ne sont pas extérieures, elles
résident, ajoute-t-il, dans l'immeuble lui-même.
Dans une thèse sur la contagion de la tuberculose
par les appartements, le Dr Menusier prouve, à
son tour, par une série d'observations, le rôle que
l'appartement peut jouer dans la propagation

de cette terrible maladie qui enlève chaque
année plus de 100 000 Français à la patrie :
« La contagion par l'habitation est d'autant plus
grande que l'appartement possède deux salu-
brités, la salubrité intérieure et la salubrité
extérieure. La première dépend du cubage de
la pièce, de la quantité de lumière et d'air qui
y pénètre et de la propreté ; la seconde dépend
de la situation, soit au nord, soit au midi et du
voisinage de l'appartement ».

D'après Friedrich, à Budapest, sur 451 tuberculeux, 70 % logeaient dans des conditions d'encombrement et d'insalubrité telles, que leurs
habitations formaient de véritables foyers de tuberculose. Les renseignements suivants, fournis
par Kayserlin pour Berlin, font également res-
sortir l'énorme influence du logement sur la tuberculose. De 1903 à 1906, 12 363 individus sont
morts à Berlin de la tuberculose, dont 53 %
dans leurs demeures, se détaillant ainsi : 41 %
ne possédaient qu'une chambre, 42 % deux
chambres, 11 % trois chambres, 6 % quatre
chambres et plus. Une statistique relativement
récente montre qu'à Paris, sur 883 871 locaux
d'habitation, plus des $\frac{3}{4}$, soit exactement 681 640,
comportent, comme prix de location, des sommes
variant de 1 à 499 francs. Si, de ce nombre de

locaux, on défalque les bouges infects où plus
de 100 000 ménages sont logés d'une façon absolument insalubre, il reste environ 302 000 logements inhabitables pour 380 000 reconnus
sains ; aussi compte-t-on à Paris 12 000 décès
tuberculeux par an.

D'après MM. Cacheux et Langlois, si, à Paris,
le tiers de la population ouvrière occupe des logements insalubres, il en est de même dans les
autres grandes villes de France.

Toutefois, dans l'étiologie de la tuberculose,
les statistiques montrent que le principal fac-
teur est le manque d'aération et de soleil surtout, et que l'encombrement, la surpopulation
du logement ne sont que des causes de second
ordre, bien que nettement favorisantes.

La *fièvre typhoïde* est également en rapport
étroit avec les conditions sanitaires de l'habitation. Il y a des maisons à fièvre typhoïde, c'est
indéniable, du fait de causes propres à la maison
et non d'une cause d'ordre extérieur (Dʳˢ Macé et
Imbeaux). Ce sont surtout la viciation de l'air des
appartements et les souillures de l'eau et du sol
par des égouts qui jouent un rôle important. Il
y a ici un double danger, action débilitante de
l'air vicié prédisposant à la maladie, d'une part,
pénétration du bacille d'Eberth dans l'eau,

d'autre part. Palmberg, en parlant du typhus abdominal, a pu dire : « la fréquence plus ou moins grande de cette maladie peut servir à mesurer l'efficacité des travaux entrepris dans l'intérêt de la santé publique ». C'est ainsi que les travaux d'assainissement du sol et d'amélioration des conditions d'habitation accomplis pendant ces dernières années à Munich sur les conseils de Pettenkofer, ont fait diminuer de beaucoup la fréquence et la mortalité par fièvre typhoïde dans cette ville. A Budapesth, Fodor a démontré que la fièvre typhoïde fait deux fois plus de victimes dans les maisons non isolées du sol que dans les maisons reposant sur caves.

Les conditions sanitaires de l'habitation exercent encore une influence sur la propagation et la marche d'autres maladies zymotiques : *pneumonie, scarlatine, fièvre puerpérale*. Emmerich rapporte des observations montrant le rôle joué par les mauvais planchers et les entrevous infectés, dans l'origine de la pneumonie. Le germe de la scarlatine paraît pouvoir se conserver virulent pendant longtemps dans les appartements ; Benedict cite un cas dans lequel des enfants contractèrent la scarlatine après leur retour dans une pièce où un scarlatineux était décédé deux mois auparavant. On ne met plus

en doute aujourd'hui que la saleté de l'appartement et l'encombrement jouent leur rôle dans
l'origine de la fièvre puerpérale et il suffit de
rappeler le temps où les maternités infectées
n'osaient plus ouvrir leurs portes, les accouchées
y succombant les unes après les autres.

Pour la *diphtérie*, l'influence des conditions
de l'habitation est parfois niée, mais, pour les
Drs Macé et Imbeaux, il y a bien des maisons
à diphtérie. Les expériences de Löffler démontrent que le bacille de cette maladie,
conservé à l'abri de la lumière, de l'air et à
l'humidité, peut rester virulent pendant plus
de huit mois. L'humidité, la saleté, l'obscurité
qu'on rencontre dans les courettes des vieux
quartiers des villes, dans les logements en sous-
sol, dans les mansardes mal construites, dans
les cuisines éclairées indirectement, dans les
chambres étroites et encombrées qu'on rend encore plus malsaines en y lavant et séchant du
linge, sont autant de conditions pouvant entretenir très longtemps la vitalité du germe de la
diphtérie. On a longtemps attribué en Angleterre, à l'accumulation des matières fécales, au
mauvais état des fosses d'aisances, des égouts
et des drains, l'origine des épidémies de diphtérie. Emmerich a noté plusieurs observations où

l'infection de l'entrevous a joué un rôle évident dans la propagation de cette maladie. Guinon et Gibert attribuent la notable diminution de la diphtérie au Hâvre, depuis 1885, à la pratique de la désinfection du logement après la maladie.

Quant au *cancer*, l'influence des conditions de l'habitation a été mise en avant, il y a quelques années, par des médecins anglais qui ont parlé de maisons à cancer. En France, cette question a été examinée par Filassier et par le Dr Borrel, de l'Institut Pasteur. Les faits cités par ce dernier mettent, au premier plan, l'influence de l'habitat dans la répartition des tumeurs cancéreuses chez les animaux, le rôle des cages infectées, séparé bien nettement des autres conditions reconnues comme pouvant avoir également une action, cohabitation et contage direct, âge, sexe, hérédité, etc. ; de tels faits donnent évidemment à craindre pour les tumeurs humaines. D'après des statistiques, le cancer paraît, dans tous les cas, en progression dans les villes, ce qui prouve déjà que l'agglomération joue un rôle dans sa transmission.

A l'égard des maladies épidémiques : *typhus exanthématique, choléra, peste, variole*, l'influence des conditions sanitaires de l'habitation est indiscutée. Si le typhus est toujours dû à la contagion, si la famine, la misère, l'encombrement ne peuvent produire le contage de toute pièce, il se transmet mieux aux malheureux et se conserve mieux dans les milieux malpropres (Dr Proust). Le rôle qu'une déplorable hygiène des habitations joue dans la conservation du contage du choléra est démontré par de nombreux faits ; l'état du sous-sol des localités et des maisons joue, d'après Pettenkofer, dans la propagation du choléra, un rôle essentiel, et de cette cause particulière dépend pour lui le développement d'une épidémie après une importation du dehors. Pour la variole, ce rôle est connu de tous, comme aussi ce fait que le virus varioleux est très tenace et peut rester longtemps fixé aux murs et aux meubles : de là, l'extrême ténacité de cette maladie qui, malgré l'énergie de moyens préventifs, s'éternise parmi nous et existe toujours dans les quartiers pauvres ou mal construits des villes, du moins à l'état sporadique.

Ce qui précède montre bien que les exigences des hygiénistes à l'égard de l'habitation sont réellement fondées. Mais, puisque les conditions primordiales de santé pour les occupants d'une maison sont sous la dépendance de la salubrité et de la pureté relatives du sol, de l'air, de l'eau

et également des matérieux de construction, il
s'ensuit que tout constructeur — architecte, ingénieur, entrepreneur — doit être à même de
pouvoir procéder à cette double étude hygiénique
du sol et de la construction elle-même.

C'est dans le but de faciliter cette tâche que
nous avons rédigé le présent volume, après
avoir compulsé, à cet effet, une nombreuse
et importante documentation, en ayant soin
toutefois d'en écarter tout ce qui était du domaine du médecin, du bactériologiste et du chi-
miste.

S'il n'y a pas de doute que quelques intéressés y trouvent des faits et des renseignements
déjà connus d'eux, il est certain aussi qu'ils en
trouveront quantité d'autres qu'ils ignoraient et
qu'ils n'auraient pu apprendre qu'en consul-
tant un grand nombre d'ouvrages d'hygiène,
lesquels auraient pour eux ce gros inconvénient
d'être trop volumineux, parce qu'ils traitent de
toutes les branches de l'hygiène et, par suite,
d'être d'un prix très élevé.

M. Bousquet,
architecte,
ancien étudiant d'hygiène
de Faculté de Médecine.

Mantes, février 1911.

SOL ET EMPLACEMENT

C'est bien rarement que des considérations d'hygiène déterminent le choix d'un emplacement ; la plupart du temps, c'est affaire de convenances et d'intérêt du propriétaire de la future bâtisse ; quant à l'architecte, presque toujours il est appelé à édifier sur un terrain dont on ne lui demande pas de discuter la valeur hygiénique. Dans les villes, il est évident que l'exiguïté des terrains, leur prix élevé, les questions de vues et de mitoyenneté, les règlements de voirie, sont autant d'entraves à la liberté du choix d'une exposition ou d'une orientation convenables ; c'est à l'architecte de disposer au mieux la construction sur le terrain tel qu'il se présente et, si ce terrain est insalubre ou insuffisamment salubre, d'y remédier grâce à des artifices qu'il emploiera lors de la construction de la maison. A la campagne, généralement, il n'en est point complètement ainsi.

Exposition.— « L'*exposition*, dit Michel-Lévy, modifie les effets de l'irradiation solaire et, par conséquent, ceux des saisons ». L'exposition au nord procure l'avantage d'une température peu variable, modérée en été, mais rigoureuse en hiver, et celui d'un air sec, élastique et transparent. Sous les expositions méridionales, lumière et chaleur plus intenses et plus prolongées ; toutefois, l'évaporation, activée par la continuité des chaleurs, peut rendre humides les lieux qui regardent le midi et leur donner un ciel brumeux ; un autre inconvénient de cette exposition résulte des fluctuations normales ou irrégulières de la température aux différentes heures de la journée, et du jour à la nuit. Les expositions de l'est et de l'ouest tiennent le milieu entre celles du nord et du sud, avec cette différence que le levant se rapproche des expositions septentrionales, et le couchant des expositions du midi. Dans les lieux tournés à l'est, les brouillards et l'humidité du matin se dissipent rapidement ; ceux qui se prolongent à l'ouest subissent l'irradiation tardive du soleil, laquelle atteint son maximum vers 3 heures de l'après-midi. Mais l'influence de l'exposition ne se borne pas à favoriser l'obliquité des rayons solaires, à élever ou à abaisser la température moyenne des localités,

elle ouvre ou ferme une contrée à l'action des
différents vents, elle fait à chaque pays ses vents
habituels dont les effets hygrométriques, calorifiques, etc., sont liés avec le point de l'horizon
d'où ils soufflent.

Conditions météorologiques. — Les *conditions météorologiques* ont une influence considérable, car la salubrité d'un site dépend de la
température moyenne aux diverses saisons, de
l'abondance des pluies, de la nature des vents
dominants, de l'état hygrométrique de l'atmosphère.

a) La *température de l'air* diminue avec
l'altitude, mais d'une façon variable suivant la
latitude, l'exposition, l'humidité ou la sécheresse
de l'atmosphère ; elle dépend encore de la saison
et même de l'heure de la journée.

Sur les bords de la mer et des grands lacs, la
température est non seulement plus uniforme,
mais aussi radoucie ; en effet, l'eau s'échauffant
plus profondément et plus lentement que la
terre, et perdant aussi d'une façon plus régulière
et moins rapide son calorique, de grandes masses
d'eau constituent de ce fait des modérateurs de
température. Les montagnes dépouillent de leur
humidité les vents passant au-dessus d'elles,

permettant ainsi au sol de perdre plus de calorique par rayonnement pendant la nuit, ce qui
détermine des froids intenses. Douglas Galton
insiste sur la nécessité de tenir compte de la position du site choisi relativement au niveau du
pays voisin ; ainsi, dit il, quand l'air se refroidit
au contact du sol sur le penchant d'une montagne
ou d'une éminence, il descend dans la vallée en
déplaçant l'air chaud et en formant en quelque
sorte des étangs d'air froid. Une élévation de
terrain n'est donc jamais exposée à toute l'intensité du froid.

Le même auteur signale que la mortalité
augmente dans une localité avec l'écart qui existe
entre la température moyenne des mois de
janvier et de juillet.

b) Le *degré d'humidité du sol* dépend de l'abondance des eaux pluviales ; la totalité de ces eaux
ne s'infiltre pas dans le sol, une partie est évaporée et reprise par l'atmosphère. Les quantités
d'eau absorbées par le sol ou évaporées varient
avec les saisons, suivant la nature du sol et la
végétation qui le revêt. Les forêts retiennent les
eaux météoriques, dont elles règlent le déversement, restreignant ainsi les crues vernales sans
cependant que la quantité absolue d'eau des
sources et des rivières soit modifiée ; elles emma-

gasinent l'humidité indispensable pour combattre la sécheresse des étés.

c) Les *vents* soustraient du calorique au sol ; ils peuvent transmettre des germes de maladies ; ainsi des vents ayant passé sur des marais ou sur un sol infecté par la *malaria* pourront la faire apparaître dans des localités parfois fort éloignées et parfaitement salubres en elles-mêmes. Les vents chauds et secs favorisent l'évaporation des eaux superficielles ; les vents froids et humides ont une action fâcheuse sur la santé.

d) L'*humidité atmosphérique* joue un rôle important dans l'éclosion de certaines maladies, particulièrement des affections des voies respiratoires et du rhumatisme ; elle peut devenir une cause prédisposante de la phtisie pulmonaire.

Configuration de la surface du sol. — La *configuration extérieure* du sol au niveau et autour de l'emplacement de l'habitation a son importance. Sont insalubres toutes les localités où l'air ne peut se renouveler assez rapidement, ainsi les vallées resserrées, les défilés, particulièrement si leur entrée est rétrécie et porte obstacle au libre écoulement des eaux ; en pareil cas, l'air est humide et le sol peut devenir maré-

cageux. On évitera de même le pied des montagnes, des collines, des terrains disposés en
terrasses parce que les eaux qui proviennent en
abondance des hauteurs et qui s'écoulent sur les
flancs de la montagne ou de la colline vont naturellement infiltrer le sol et y déterminer un fort
degré d'humidité qu'un drainage bien exécuté
peut seul corriger. De même, les sommets des
montagnes, les hauts plateaux, parce que trop
froids, étant battus par les vents. En général, le
sommet d'un dos de selle dans les endroits peu
accidentés, ou un emplacement convenablement
abrité et bien exposé à mi-coteau, sur le versant
S.-E., sont favorables à la construction d'une
habitation ; on cherchera d'ailleurs à utiliser les
accidents de terrain, la présence d'un rideau
d'arbres, etc., pour leur faire jouer le rôle d'écran
protecteur contre les vents violents et froids ou
contre des émanations ou des voisinages insalubres.

Végétation. — Le fait que la surface du sol
est revêtue ou non de végétation n'est pas
sans valeur. Les petits végétaux favorisent l'absorption du calorique dans le sol, assèchent sa
surface et, par conséquent, ont une heureuse influence sanitaire dans les terrains plats dont le

sous-sol imperméable est assez voisin de la surface. Un sol stérile et nu s'échauffe facilement,
mais il se refroidit de même ; sa température
moyenne est inférieure à celle d'un sol couvert
de végétation. Dans les régions boisées, les étés
sont moins chauds et les hivers moins rudes ; on
observe, en outre, des écarts journaliers moins
accentués, les journées y étant plus fraîches et
les nuits plus chaudes. Toutefois, si les forêts
tempèrent le climat d'une contrée, par contre,
elles ont cet inconvénient déjà signalé de rendre
cette dernière humide. En somme, les végétaux
doivent être regardés comme des purificateurs
de l'atmosphère car, sous l'action de la lumière
solaire, ils décomposent son acide carbonique,
dont ils fixent le carbone et dégagent l'oxygène.

Nature du sol. — La nature du sol n'influe
sur sa salubrité qu'indirectement en raison
même des diverses propriétés, perméabilité, capacité pour l'eau, pouvoirs émissif et absorbant,
etc., qui peuvent être la conséquence de cette
nature. Cependant le rôle sanitaire du sol et, en
particulier, le rôle qu'il joue dans l'origine et la
dissémination de certaines maladies infectieuses
n'est pas dû tant à son caractère géologique,
c'est-à-dire aux minerais qui entrent dans sa

constitution, ni même, jusqu'à un certain degré,
à sa souillure par divers déchets, mais plutôt à
son rapport avec l'eau et l'air, par l'intermédiaire desquels on entre en contact avec lui et
qui dépendent en premier lieu de la structure
mécanique du sol.

Les éléments dont le mélange en proportions
essentiellement variables constitue les diverses
terres peuvent, d'après leur nature et leurs propriétés, être classés en 5 grandes catégories : 1°
les *pierres* contenant les cailloux et les graviers
qui ne diffèrent guère du sable que par leurs
dimensions ; 2° le *sable* qui provient de la pul-
vérisation mécanique des roches et qui est constitué, soit par de la silice pure (quartz) et par
des silicates divers, on a alors du *sable siliceux*,
soit par des grains de carbonate de chaux provenant de calcaires compacts pulvérisés, par des
grains de gypse ou de dolomie, on a alors le
sable calcaire; 3° l'*argile* due à la décomposition des roches alumineuses ; 4° le *calcaire terreux* formé au détriment des terrains sédimen-
taires récents ou de roches calcaires attaquées
par des eaux chargées d'acide carbonique ; 5° la
matière organique et l'*humus*, qui est d'ailleurs
de la matière organique modifiée par les agents
atmosphériques et les microorganismes.

Les sables siliceux et calcaire, mais plus particulièrement le premier absorbe de faibles proportions d'eau, rend la terre plus perméable, facilite l'accès de l'air et l'écoulement des eaux, et cela d'une façon plus ou moins marquée suivant que ses grains sont plus ou moins gros (Boussingault). Le rôle des cailloux et des graviers est analogue à celui du sable. L'argile, au contraire, absorbe de grandes quantités d'eau qu'elle retient énergiquement; elle rend le sol très peu perméable, lent à se dessécher et à s'aérer après les pluies; d'autre part, en raison du retrait qu'elle subit par la dessiccation, elle détermine parfois dans le sol de profondes crevasses qui peuvent, à un moment donné, établir des communications plus ou moins directes entre les eaux de surface et celles de la nappe souterraine par exemple. Le calcaire terreux jouit de propriétés à peu près intermédiaires entre celles du sable et celles de l'argile. Quant à l'humus et, en général, les matières organiques, ils augmentent la capacité du sol pour l'eau et sont le siège de décomposition et de putréfaction, c'est-à-dire d'excellents terrains de culture pour les microorganismes.

Une terre est dite *sableuse, argileuse, calcaire, humifère,* selon qu'elle contient plus de

70 % de gravier et de sable, plus de 30 % d'argile, plus de 10 % de calcaire terreux ou d'humus. Les terres sableuses peuvent être subdivisées en terres *caillouteuses, graveleuses* ou seulement *sableuses* suivant que ce sont les cailloux, les graviers ou le sable qui prédominent. Ces terres elles-mêmes peuvent d'ailleurs être constituées principalement par des éléments calcaires ou par des éléments siliceux ; elles peuvent être, dans ce cas, *granitiques, schisteuses*, etc., selon la nature des éléments qui les constituent. Une terre dans laquelle prédomine d'abord l'argile, puis le calcaire est dite *argilo-calcaire* et ainsi de suite.

Pour déterminer la nature et la proportion des éléments entrant dans la composition d'une terre et par là avoir des renseignements sur les propriétés hygiéniques qu'ils peuvent lui imprimer, on procède, quoiqu'il n'en résulte pas une grande précision, à l'*analyse physique* de cette terre que seul l'hygiéniste, par son laboratoire, est à même de pratiquer. Mais il est parfois possible au constructeur d'être fixé sur la nature physique d'un sol par les plantes sauvages y croissant librement ; cet examen ne peut toutefois le renseigner que sur les propriétés prédominantes du terrain et non sur le degré de cette prédominance

comme le ferait l'analyse physique. Le tableau
suivant indique, pour diverses sortes de terres,
les végétaux les plus caractéristiques :

TERRAINS ARGILEUX. — *Tussilage pas-d'âne* (herbe de
  Saint-Quirin), *hièble, laitue vireuse, lotier corniculé*
  (pied du bon Dieu), *orobe tubéreux, agrostide tra-*
  çante (traînasse).
TERRAINS A SOUS-SOL ARGILEUX. — *Chicorée sauvage,*
  inule.
TERRAINS ARGILO-CALCAIRES OU MARNEUX. — *Buis,*
  chondrille joncée, sainfoin, laitue vivace, anthyl-
  lide vulnéraire, mélique bleue, potentille ansérine
  (herbe aux oies), *potentille rampante* (quintifeuille).
TERRAINS CALCAIRES. — *Buis, mélampyre des champs,*
  anémone pulsatile, arête-bœuf, boucage saxifrage,
  pied-d'alouette sauvage, brunelle à grandes fleurs,
  chardon, coquelicot, fléoles, pied de griffon, adonide
  d'automne (goutte de sang), *fumeterre, gaude, ger-*
  mandrée petit chêne, mercuriale annuelle, minette,
  seslerie bleuâtre, cornouillet mâle, sauge, gentianes
  croisette et *d'Allemagne, coqueret* (alkekange), *trèfle.*
TERRAINS ACIDES DÉNUÉS DE CALCAIRE. — *Ajonc, bruyère,*
  fougères, houlques, matricaire, prêles, oseille.
TERRAINS GRANITIQUES (ARGILO-SABLEUX). — *Arnica des*
  montagnes, digitales pourprées, framboisier, sureau
  à grappes.
TERRAINS SABLEUX. — *Pensée sauvage, agrostide,*
  avoine à chapelet, fétuque rouge, réséda jaune,
  petite oseille, spergules, laiche des sables, jasione
  des montagnes, elyme des sables, houlque laineuse,
  roseau des sables.
TERRAINS TOURBEUX (HUMIFÈRES). — *Carex, jonc, linai-*
  grette, pédiculaire, sphaignes, canneberge, rossolis
  à feuilles rondes.

Terrains marécageux (humifères). — *Menyanthe trèfle d'eau, jonc fleuri, épilobes, fléchière, plantin d'eau, menthe aquatique, renoncule langue, lycope d'Europe, myosotis des marais, populage* (gros bassin d'or), *spirée, ulmaire, souchets.*

Structure mécanique du sol. — Les particules dont est composé tout sol, quelle que soit leur nature, peuvent avoir des formes et des dimensions variables et se grouper de façons différentes en laissant entre elles des espaces accessibles à l'air ou à l'eau, c'est-à-dire des *pores* plus ou moins larges, plus ou moins nombreux. C'est le volume relatif des pores d'un sol, c'est-à-dire sa *porosité* qui indique, bien plus que son âge ou son origine géologique, — nous l'avons déjà dit, — certaines propriétés physiques de ce sol et plus particulièrement sa perméabilité pour l'eau et pour l'air, ainsi que les phénomènes d'adhésion moléculaire qui jouent un grand rôle dans la filtration des eaux et dans la protection de la nappe d'eau souterraine.

La porosité d'un sol peut être considérable ; elle varie suivant qu'il a acquis une certaine densité sous l'influence d'une pression ou qu'il a été ameublé, comme dans le cas des terrains de culture ; elle peut varier encore suivant les localités et les circonstances. Il peut arriver cependant que la porosité totale ne varie pas, tandis que les espaces capillaires et non capillaires sont répartis d'une façon différente, ce qui a une grande importance au point de vue de la perméabilité.

Voici quelques chiffres donnant les volumes relatifs qu'occupent approximativement les pores dans divers terrains, pores qui sont remplis, ou d'eau ou d'air :

Gravier grain moyen ou fin, compact . 36 à . 37 $^0/_0$
    //   //   //   meuble . . .   42
Sable grossier, compact. 38
    //   meuble 43,5
Sable demi-fin, compact. 42,6
    //   meuble 50
                                 (d'après Renk).
Sable rapporté depuis 15 ans, à 1^m,20 de
    profondeur. . . . . 43 $^0/_0$
Terre de jardin, à 0^m,50 de profondeur . . 46
Sable, à 5 mètres de profondeur ; sol compact, à 0^m,30 de distance de la nappe d'eau
    souterraine. 35,5
Argile sableuse, sol compact 33
                             (d'après Flügge).
Grès de Potsdam . . . . 7 à   9,5 $^0/_0$
Dolomie cristalline. . . . . 6 à   7,5
    //   argileuse 13,5
Calcaire tendre de Caen 30
                             (d'après Hunt).

On voit que, dans certains terrains, les pores représentent un tiers du volume total, parfois la

moitié, ou plus encore si le sol a été ameu-
bli (voir tableau : *Perméabilité du sol à*
l'air, p. 45). L'ameublissement d'un sol a pour
effet d'augmenter le volume des pores et, par
conséquent, de permettre une circulation d'air
relativement plus considérable encore.

Les hygiénistes divisent les particules constituantes d'un sol en deux classes : 1° la *terre*
fine, composée des particules les moins volumineuses (suivant certains auteurs, à diamètre inférieur à o^{mm},5 à 4 millimètres); se désagrégeant
facilement, elle fournit à la nappe souterraine
des substances solubles et exerce une influence
notable sur les rapports du sol avec l'air et l'eau
et sur la thermalité du sol ; 2° le *squelette* au
dépens duquel se forme la terre fine (par humi-
dification et désagrégation) augmente la porosité, la perméabilité du sol et en facilite l'aération.

D'après Smolenski, les sols à squelette contenant de préférence des particules sablonneuses
(non détachables par lavage) se distinguent par
la porosité, la perméabilité à l'air et à l'eau (sécheresse relative), la thermalité plus élevée, la
décomposition énergique des substances organiques y contenues, par leur influence favorable
sur l'activité vitale des organismes, etc. ; par

contre, les sols à terre fine qui contiennent de
préférence des particules argileuses (détachables
par lavage) sont compacts, imperméables à l'air
et à l'eau (humidité relative), froids, défavorables à la vitalité des microorganismes et, par
cela même, inactifs, etc.

Propriétés du sol. — Si la thèse de Pettenkofer relative au rôle prétendu important que
joueraient les propriétés du sol dans les mani-
festations épidémiques de choléra, de fièvre typhoïde et de malaria, est combattue par beaucoup d'hygiénistes, on est toutefois d'accord que
les propriétés du sol exercent une influence
marquée sur le degré de salubrité d'un emplacement, en déterminant chez l'homme, par leurs
influences banales, ce qu'il est convenu d'appe-
ler la disposition individuelle ou la réceptivité
de l'organisme.

· I. *Rapports du sol avec l'air.* — L'importance
des rapports du sol avec l'air résulte particulièrement de la nécessité de l'oxygène de l'air pour
l'oxydation de la matière organique sous l'influence des divers ferments du sol, en même
temps que des échanges qui s'effectuent à peu
près constamment entre l'atmosphère extérieure
et l'air du sol ou *tellurique.*

C'est qu'en effet, l'absence plus ou moins complète d'oxygène dans le sol, détermine, sous l'influence de microorganismes presque tous *anaérobies*, un processus de décomposition de matières organiques donnant naissance à des composés divers pouvant devenir dangereux pour l'homme en raison précisément de ces échanges entre l'atmosphère qu'il respire et l'air du sol.

L'air tellurique, comme l'air atmosphérique, est un mélange d'oxygène, d'azote et d'acide carbonique, qui en forment les principes essentiels et s'y rencontrent en proportions variables ; de la vapeur d'eau, divers gaz et des matières organiques et organisées entrent encore dans sa composition. Relativement à l'acide carbonique, il en contient une proportion parfois énorme, variable suivant la profondeur, la saison, le temps et le lieu, et cela même, d'un jour à l'autre.

L'air qui occupe les pores d'un terrain est mobile et obéit aux lois de la diffusion des gaz ; étant 770 fois plus léger que l'eau, on comprend que cette diffusion soit très grande et qu'il circule plus facilement que l'eau. Il se meut en raison des différences de températures qui peuvent exister entre le sol et l'atmosphère exté-

rieure ; il est encore mis en mouvement par les
vents qui rasent la terre. Les pluies apportent,
elles aussi, des changements dans les courants
souterrains et peuvent ainsi modifier d'une façon essentielle et rapide la composition de l'air
du sol. Cela s'explique. Lorsqu'à la suite d'une
pluie, les pores de la couche superficielle sont
fermés, la ventilation du sol se trouve amoindrie et, de ce fait, la proportion d'acide carbonique s'accroît ; pendant les jours qui suivent,
l'eau, s'enfonçant dans les couches profondes,
dissout une certaine quantité de gaz qui devient,
par suite, moins abondant, pour augmenter de
nouveau plus tard avec l'intensité des phénomènes de décomposition. Enfin, on doit tenir
compte des fluctuations rapides et étendues de
la nappe souterraine. L'air est donc loin de sta-
gner dans le sol ; il est soumis à des mouve-
ments continuels, analogues à ceux dont l'atmosphère est le siège, sauf qu'ils sont plus
lents.

Les écarts de température existant entre le
sol et l'atmosphère représentent une des conditions les plus importantes de la circulation des
gaz souterrains lesquels se dirigent, en général,
vers le point où ils sont soumis à une pession
moindre ; tantôt un air très chargé d'acide car-

bonique s'élève de la profondeur vers la surface
du sol, tantôt l'air des couches superficielles va
diluer celui des couches profondes. Les courants
les plus sensibles et les plus généraux se cons-
tatent aux saisons où l'écart entre la température du sol et celle de l'atmosphère est le plus
grand, c'est-à-dire en automne et au printemps.
En automne, et pareillement en hiver, le sol
étant chaud, l'air qui occupe ses pores est donc
léger, aussi se laisse-t-il facilement déplacer par
l'air extérieur, froid et lourd, qui pénètre dans
le sol, en refoulant les gaz qu'il y rencontre et
qui vont alors se dégager en un autre point
abrité et convenablement échauffé, tel que l'intérieur d'une habitation. A cette époque de
l'année, l'air souterrain se dirige vers les points
élevés, tandis que l'air extérieur s'enfonce au
même moment dans le sol aux endroits dé-
primés. Au printemps, au début de l'été et
même en cette saison, l'air souterrain étant plus
froid et plus lourd que celui extérieur, n'a aucune
tendance à abandonner le sol, il gagne plutôt
les déclivités, par exemple, les caves profondes.
    La ventilation des habitations, plus particu-
lièrement celle des sous-sols, se fait en partie
aux dépens de cet air souterrain ; pendant la
plus grande partie de l'année, un courant s'éta-

blit du sol vers l'intérieur de l'habitation. C'est
en hiver que ce courant est le plus prononcé
parce que nos maisons possédant alors, par suite
du chauffage intérieur, une température supérieure à celle de l'atmosphère sont autant de
cheminées d'appel aspirant l'air souterrain qui
se trouve au niveau de l'emplacement des habitations. Sans doute, l'air ainsi issu du sol ne
transporte guère de particules solides, mais
Renk prétend qu'il est assez puissant pour entraîner des poussières contenant des germes de
champignons microscopiques. Dans une habitation close, le mouvement de l'air est plusieurs
milliers de fois plus faible qu'au dehors, ce qui
fait que l'air souterrain qui y pénètre s'y dilue
infiniment moins et permet aux matières qu'il a
entraînées avec lui de se déposer en bien plus
forte proportion.

Un homme adulte respire, en moyenne, 18 fois
par minute, soit une introduction de 9 litres
dans sa poitrine et, par jour, de près de 13 mètres
cubes ; or, d'après Pettenkofer, l'air des appartements d'un rez-de-chaussée peut contenir, notamment en hiver, de 10 à 15 % d'air souterrain. On comprend donc sans peine les dangers
auxquels sont exposés les habitants d'une maison édifiée sur un sol insalubre.

Certains faits démontrent d'une façon frappante avec quelle facilité l'air circule dans le sol et pénètre dans les habitations ; à diverses reprises, on a vu le gaz d'éclairage s'introduire la nuit dans les chambres du rez-de-chaussée de certaines maisons qui ne participaient pas à la distribution et y frapper de mort plusieurs personnes. « En recherchant la cause de ces accidents, nous disent F. et E. Putzeys, on reconnut que les tuyaux présentaient une solution de continuité sous le sol de la rue, à une distance parfois considérable de la maison (10 mètres) ». Le gaz avait donc dû traverser le sol, les fondations, la voûte de la cave et le plancher avant de pouvoir arriver dans les appartements.

L'étude des rapports du sol avec l'air dont l'importance hygiénique vient d'être indiquée comporte pour l'hygiéniste la détermination de la capacité du sol pour l'air, de la perméabilité du sol à l'air, des oscillations de l'air du sol ainsi que du pouvoir absorbant du sol pour les gaz que nous examinerons plus loin.

a) *Capacité du sol pour l'air.* — Elle est égale au volume des pores du sol, dans le cas où ce dernier est sec ; mais lorsqu'il est humide, une partie plus ou moins notable de l'air étant chassée par l'eau qui le remplace dans les pores,

la capacité du sol pour l'air n'est plus alors
égale au volume des pores. Le diamètre des
pores peut aussi varier sous l'influence de l'humectation.

b) *Perméabilité du sol à l'air.* — La perméabilité du sol à l'air est la propriété que possède
le sol de se laisser traverser par l'air : elle s'accroît avec le volume des particules, le volume
total des pores et les dimensions de chacun
d'eux, la diminution de l'épaisseur de la couche
traversée et l'augmentation de la pression de
l'air qui traverse le sol (Fleck, Ammon). C'est
surtout la teneur du sol en particules argileuses
qui joue un rôle important : plus leur nombre
est considérable, moins est grande sa perméabilité. La congélation du sol ([1]) en diminue considérablement la perméabilité. La perméabilité du
sol à pores larges varie peu après humectation
par la pluie ; au contraire, un sol à pores fins
peut devenir absolument imperméable après la

([1]) Si l'eau que le sol contient a subi la congélation,
la perméabilité à l'air devient plus faible, car l'eau, en
se dilatant, ferme les pores d'une façon complète, à
moins que les pores soient volumineux, mais, dans ce
cas encore, les aiguilles de glace qui se forment déterminent la division des vides primitifs en cavités très
réduites qui opposent un obstacle considérable au passage de l'air.

pluie et, dans ce cas, l'air souterrain ne pouvant plus s'échapper de la terre dont les couches superficielles sont devenues imperméables, pénètre avec plus de facilité encore dans l'habitation par les couches ayant échappé à l'action de l'eau, c'est-à-dire celles sur lesquelles repose la maison. Une influence de même nature, mais encore plus accusée, est exercée par l'humectation du sol de bas en haut, par exemple l'élévation du niveau de la nappe d'eau souterraine. Le tableau de la page suivante, emprunté à MM. Faucher et Richard, contient quelques déterminations.

c) *Oscillations de l'air du sol.* — Les échanges effectués entre l'air souterrain et l'atmosphère sont, avons-nous dit, sous la dépendance de facteurs variés (température, pression barométrique, pluies, vents, etc.), ayant la plupart pour effet d'établir une différence de pression entre l'air du sol et l'air extérieur. Des observations signalent que l'influence du vent est prépondérante dans les terrains très perméables, à gros pores, constitués par des graviers grossiers, que la pluie aura peu d'action dans ces terrains dont elle ne peut guère fermer les pores, tandis que des effets contraires s'observent sur les terrains à grains très fins qui opposent une résistance

Perméabilité du sol à l'air (d'aprés MM. Faucher et Richard)

Nature du sol	Perméabilité relative	Volume des pores
Gravier roulé (5cc gros gravier pierreux, 10cc sable, 0cc,5 argile) . .	1	0,497
Gravier et sable (10cc gravier de 3 à 5mm de diamètre, 0cc,08 sable, 0cc,4 sable en grains fins, 0cc,4 argile)	0,633	0,329
Sable (11cc,5 sable pur en grains siliceux à angles arrondis de 0mm,2 à 2mm de diamètre, 0cc,7 argile)	0,616	0,345
Sable en grains plus fins que le précédent, avec traces seulement d'argile	0,458	0,432
Sable plus fin encore que le précédent, en grains dont la grosseur ne dépasse pas 1mm	0,383	0,442
Sable plus fin encore, presque exempt d'argile.	0,3688	0,413
Sable argileux en poudre très fine, composé d'argile et de grains de quartz très fins, 0mm,25	0,011	0,521
Sable très riche en argile et marne (7cc gravier sableux, 3cc marne en grains fins, 6cc,5 argile)	0,006	0,518
Sol argileux (parties égales de sable et d'argile)	0,0058	0,558
Sol argileux ne contenant que des traces de sable	0,005	0,548

très grande à l'action du vent et que la pluie
rend facilement imperméables à l'air (Berlin-
Sans).

II. *Rapports du sol avec l'eau.* — Si l'oxygène
de l'air est indispensable pour l'oxydation des
matières organiques dans le sol, un certain degré d'humidité est aussi une condition néces-
saires pour que les microorganismes qui déterminent cette oxydation soient à même de s'ac-
quitter de leur mission. Ainsi une richesse trop
grande entrave ou enraye les transformations de
la matière organique, tandis qu'un excès d'eau
non seulement les ralentit, mais, en s'opposant à
l'aération du sol, favorise les putréfactions et
les dégagements nocifs qui accompagnent ces
dernières ; cet excès d'eau est encore une cause
d'insalubrité pour l'emplacement, par suite de
l'humidité même qu'il peut entretenir dans l'habitation et des états morbides que cette humidité est de nature à provoquer.

En outre, l'eau en se déplaçant entraîne les
matières organiques de la surface à une profondeur plus ou moins grande ; elle peut encore
transporter, à une distance plus ou moins éloignée d'un foyer d'infection, dans le sens horizon-
tal, vers la profondeur ou même vers la surface,
des impuretés ou des microorganismes. On voit

donc que l'eau peut rendre plus ou moins diffi-
ciles les transformations qui aboutissent à l'épu-
ration du sol et déterminer, soit la souillure,
soit la purification des eaux d'alimentation.

La proportion d'eau que le sol renferme est
essentiellement variable, même d'un moment à
l'autre, puisqu'elle dépend du régime des pluies
et, dans l'intervalle des précipitations aqueuses,
du pouvoir capillaire du sol, de la capacité du
sol pour l'eau, de la perméabilité du sol à l'eau,
de l'évaporation plus ou moins active dont le sol
est le siège, de son hygroscopicité.

*a) Capacité du sol pour l'eau (ou humecta-
tion spécifique).* — D'après Haberland, la capacité absolue de la marne argilo-sablonneuse est
de 51,4 à 59,7 %, celle du sable quartzeux de
14 à 31,8 %, et celle de l'humus de 159 à
206,5 %. En règle générale, la capacité absolue
augmente avec la diminution du volume des
particules, mais cette augmentation n'est pas la
même dans tous les terrains. Cela s'explique en
partie par la différence des formes et des dispositions des particules et, d'autre part, par celle de
leur composition chimique, etc.

Certaines parties constituantes du sol sont
douées de la propriété d'absorber de grandes
quantités d'eau. Ainsi, par exemple, l'acide si-

licique gélatineux absorbe 240 %, d'eau ; l'oxyde
de fer hydraté fraîchement précipité, 500 %
(précipité depuis longtemps, il n'absorbe que
45 %) ; l'acide humique fraîchement précipité
1200 % (depuis longtemps précipité, 200 %); la
tourbe, selon sa décomposition plus ou moins
avancée, de 200 à 500 %. Le sol irrigué par en
haut retient moins d'eau que celui qui est hu-
mecté par en bas, parce que, dans le premier
cas, l'eau ne chasse pas l'air de tous les pores
dont quelques-uns demeurent dépourvus d'eau.

*b) Pouvoir capillaire du sol (ou circulation
capillaire de l'eau).* — Le pouvoir capillaire du
sol exerce une influence très marquée sur l'as-
cension de l'eau dans le sol, ou sur le chemine-
ment de cette eau en sens inverse ; il joue, par
conséquent, un grand rôle relativement à la
perméabilité du sol pour l'eau et à la répartition
de l'eau dans le sol. Il se mesure par la hauteur
à laquelle l'eau s'élève par capillarité dans ce
sol.

La hauteur à laquelle s'élève l'eau dans le
sol est, en général, d'autant plus considérable
que les particules en sont moins grosses et,
par suite, sont moins importants les interstices
entre elles ; elle dépend aussi du poids de la colonne formée par l'eau, de la pesanteur, laquelle

à son tour dépend de la largeur de la base de cette colonne ; plus les espaces capillaires du sol sont larges, plus les particules sont volumineuses et moins élevé sera le niveau de l'eau ; elle est encore sous l'influence de la température et du degré d'humidité du sol, de la direction du courant capillaire de l'eau, soit de haut en bas (eau de surface), soit de bas en haut (nappe souterraine), etc.

Dans un terrain sablonneux, l'eau ne peut s'élever, par capillarité, que de $0^m,50$ (Vincent) ; dans les produits les plus fins séparés par lavage, jusqu'à $4^m,32$, et dans la tourbe marécageuse, jusqu'à 6 mètres.

c) *Perméabilité du sol. Humidité.* — La perméabilité du sol pour l'eau est la propriété que possède le sol de se laisser traverser par l'eau. Sa connaissance est très importante au point de vue hygiénique, et elle joue un grand rôle dans le drainage naturel du sol. C'est la perméabilité du sol pour l'eau qui règle l'alimentation des nappes d'eau souterraine : c'est elle aussi qui favorise la pénétration plus ou moins profonde des souillures de surface. Mais, inversement, si les couches traversées présentent une épaisseur suffisante, ce sont les obstacles à cette perméabilité qui permettent, dans une certaine mesure,

aux eaux de surface les plus souillées de s'épu-
rer avant d'atteindre la première nappe.

Les eaux météoriques se divisent en trois parties : une qui s'évapore, une autre qui s'écoule
à la surface, généralement évacuée au loin de
l'habitation par des rigoles et des aqueducs,
une troisième qui pénètre dans le sol et l'im-
bibe.

On constate que les divers terrains se laissent
imbiber par l'eau, la retiennent et en empêchent
l'évaporation trop rapide, à des degrés très différents ; cette faculté qui varie avec leur constitution, augmente, a-t-il été dit, avec leur porosité.
Ainsi, l'argile, qui offre beaucoup de pores fins,
retient une quantité d'eau considérable ; c'est
pour cela que les argiles sont froides.

Les sables siliceux et calcaires, ainsi que le
gypse, retiennent 2 % d'eau ; la chaux, une
moyenne de 15 % ; l'argile, 20 % et l'humus,
50 % en moyenne. On peut opposer au sable
et au gypse, qui perdent l'eau dans le temps relativement le plus court, l'humus et l'argile, qui
la retiennent avec une remarquable énergie.
Secs, le granit et la marne en fixent encore de
0,4 à 4 %. L'humus se rétracte le plus, il est
vrai ; de là des fissures et des crevasses qui deviennent des réceptacles d'eaux pluviales et des

foyers souvent inaperçus de dégagements mias—
matiques (Lévy).

Aucun sol n'est absolument imperméable aux
eaux de pluie. Cependant, au point de vue pratique, les terrains peuvent être classés en imperméables et en perméables. Les premiers ne se
laissent pas pénétrer par plus de 5 à 10 %
d'eaux pluviales ; ils comprennent le granit, le
basalte et les roches métamorphiques, le schiste,
l'oolithe, le calcaire dur, la dolomie, les argiles
denses. Certaines qualités d'argiles, la marne
grasse et les terrains d'alluvion opposent, en
effet, à l'eau, un obstacle aussi puissant que les
roches les plus dures, et il suffit que le sable
contienne seulement un douzième d'argile pour
que sa perméabilité soit fortement amoindrie.

Les terrains rocheux présentent, la plupart du
temps, une déclivité plus forte que les terrains
argileux, aussi les eaux s'écouleront-elles sans
difficulté sur le granit, le schiste et le basalte,
alors qu'elles séjourneront sur l'argile. On peut
donc dire qu'en général, la constitution chimique et minéralogique du sol exerce une
grande influence sur la facilité de l'écoulement
des eaux. S'il est logique d'admettre qu'un sol
constitué par des roches dures est plus salubre
qu'un terrain argileux, qui est toujours froid et

Tableau résumé des principales couches géologiques
avec leurs caractères physiques et chimiques (d'après M. Durand-Claye)

Groupes	Systèmes	Étages	Régions	Observations
Terrains de transport	Alluvions modernes	Sol arable, sables, tourbe.	Bords de la Seine et de la Marne, bas de la forêt de Saint-Germain.	Généralement perméable. Variation du sable à l'argile.
	Alluvions anciennes	Diluvium, limon et graviers anciens.	Sableux : Vincennes, Boulogne, Gennevillers. Argileux : Drancy, Montmorency, Luzarches.	
Terrains tertiaires	Terrains pliocènes ou sub-apennins	Dépôts lacustres. Sables coquilliers sub-apennins. Sables supérieurs.	Bresse. Asti. Landes.	Avec gypse et lignites.
	Terrains miocènes ou de molasse	Sables inférieurs et faluns. Calcaires d'eau douce caverneux. Sables et grès de Fontainebleau.	Landes, Touraine. Beauce. Meudon, Marly, Montmartre, Montmorency, Domont.	Imperméables. Perméables. Vallées sèches. Perméables.

Terrains tertiaires (*suite*)	Terrains éocènes ou parisiens	Marnes { Calcaires. / Vertes. / Blanches et gypse.	Brie (meulières, travertin). / Bords des vallées de la Brie. / Montmartre, vallée de Montmorency.	Imperméables.
		Calcaire et marne de Saint-Ouen.	Saint-Ouen, Colombes, Trocadéro, Herblay.	Perméables.
		Sables moyens et grès de Beauchamp.	Montrouge, Houilles, Courbevoie.	
		Calcaire grossier, caillasses.	Vanves, Nanterre, carrières de Conflans.	
		Argiles plastiques.	Meudon, Auteuil, Sèvres, Marly (argiles à silex du bassin de l'Eure).	Imperméables. Drainées quelquefois par la craie sous-jacente.
Terrains secondaires	Terrain crétacé	Craie blanche.	Meudon, Bougival.	Perméables.
	1° Supérieur	Craie marneuse.	Reims, Champagne, Cognac, Marseille.	
		Craie tufleau.	Saumur, Angoulême.	Médiocrement perméables.
		Craie verte (chloritée).	Rouen, Le Mans.	
	2° Inférieur	Gault et terrain aptien.	Argile d'Apt et de Provence.	Imperméables.
		Terrain néocomien.	Calcaires de la Fontaine de Vaucluse, argile de Vassy.	

Tableau résumé des principales couches géologiques avec leurs caractères physiques et chimiques (suite)

Groupes	Systèmes	Étages	Régions	Observations
Terrains secon-daires *(suite)*	Terrains jurassiques	Portlandien. Kimmeridge-Clay.	Ciments de Boulogne. Marnes de Bourgogne, calcaires marneux de Besançon.	Très perméables.
		Coralien.	Calcaires de Lisieux et pierres d'Euville.	Presque imperméables sur les couches marneuses. Perméables sur les calcaires.
		Oxfordien.	Calcaires marneux de Saint-Michel.	
		Grande oolithe.	Calcaires à dalles de Normandie et de Bourgogne.	Perméables.
		Fullers'earth et oolithe intérieure.	Pierre de Caen.	
		Lias. Marnes et calcaires, ciments calcaires, minerais ferrugineux, grès.	Normandie, Avallon, Semur, Bourgogne.	Imperméables. Eaux en excès.

Terrains secondaires (*suite*)	Terrains triasiques	Marnes irisées.	Environs de Nancy, Lunéville.	Terrains peu perméables.
		Calcaire coquillier (Muschelkalk).	Pente orientale des Vosges.	
		Grès bigarré.	Plombières.	
Terrains primaires (paléozoïques)	Terrain permien	Grès vosgien.	Vosges.	Peu perméables.
		Grès rouge.		
	Terrain carbonifère	Grès houiller.	Bassins houillers français.	Analogues aux terrains granitiques.
		Calcaire carbonifère.	Belgique.	
	Terrain dévonien	Calcaires.	Givet.	
		Grès.	Rade de Brest.	
		Schistes.		
	Terrains silurien cambrien	Calcaires.	Ardoisières d'Angers.	
		Grès.	Marbre des Pyrénées.	
		Schistes.	Ardennes, Vosges.	
Terrains de fusion	Cristallisés	Granite, syénite.	Morvan, Normandie, Bretagne.	La partie supérieure décomposée, perméable ; le reste, imperméable.
	Volcaniques	Basaltes, trachytes.	Auvergne.	Dénudés.

rend, en outre, l'air humide et brumeux, on doit cependant se garder d'accorder à toutes les roches cet heureux privilège, car il en est, en effet, qui sont fort poreuses, très perméables à l'air, à l'eau et aux matières organiques, et qui peuvent offrir, dans certaines circonstances, les conditions les plus favorables au développement des maladies infectieuses.

Au nombre des terrains perméables, on place les grès, le sable et le calcaire non marneux. Lorsqu'une couche d'argile succède à une couche de grès, l'eau est retenue dans ce dernier. Les terrains très perméables sont généralement salubres, à condition qu'il n'y ait pas, à peu de distance de la surface, une couche d'argile ou une roche pouvant retenir les eaux ; également, un sol très poreux est insalubre, s'il est souillé par des matières organiques en forte proportion.

On peut, si l'on est fixé sur la nature géologique d'un sol, trouver quelques renseignements sur sa perméabilité dans le tableau des p. 52 à 55, dressé par Durand-Claye.

d) Hygroscopicité du sol. — En outre de la condensation de la vapeur d'eau pouvant résulter d'un écart de température entre un sol et un air plus chaud à peu près saturé, le sol jouit

de la propriété, alors même qu'il se trouve avoir
la température de l'air ambiant et que cet air
n'est pas saturé, d'attirer l'eau par la surface de
ses particules, et d'en retenir une certaine partie ; c'est cette propriété que l'on nomme *hygroscopicité* du sol. La quantité d'eau fixée par un
sol par hygroscopicité dépend évidemment de la
température et de l'état hygrométrique de l'air
ambiant, mais aussi de l'étendue de la surface
des particules du sol et de la nature de cette surface ; elle varie donc, de ce fait, d'un sol à l'autre.

Nature des terrains	Proportion d'eau absorbée pour 100 gr. de terre
Sable siliceux.	o
// calcaire	o,3
Gypse	o,1
Argile maigre	2,8
// grasse	3,5
Terre argileuse	4,1
Argile pure	4,9
Calcaire en poudre fine	3,5
Humus	12,0
Terre de jardin	5,2
// arable du Jura	2,0

Schübler, à la suite d'expériences, a obtenu
les déterminations indiquées dans le tableau

ci-dessus qui, bien qu'elles ne soient que des résultats approximatifs, permettent cependant la
comparaison de l'hygroscopicité de différents
sols dans des conditions se rapprochant assez de
celles réalisées dans la nature.

e) Évaporation de l'eau par le sol. — L'activité de l'évaporation de l'eau par le sol dépend
essentiellement des conditions atmosphériques
(état hygrométrique, mouvement de l'air); elle
dépend aussi de l'exposition du sol, et de sa configuration extérieure et, également, de sa couleur, de la nature de sa surface, de sa capacité
pour l'eau, de la facilité avec laquelle les
couches inférieures peuvent céder leur eau aux
couches supérieures, etc.

*f) Pouvoir absorbant du sol pour les gaz et
les substances solides et organiques.* — Indé-
pendamment de son pouvoir de retenir la vapeur d'eau de l'atmosphère, le sol jouit de la
propriété d'absorber certains des gaz avec lesquels il est en contact, ou certaines substances
en suspension ou en solution dans l'eau qui le
pénètre.

L'absorption des gaz est un phénomène assez
complexe, dépendant en partie de la structure
mécanique du sol, mais principalement de sa
composition chimique et de quelques autres

conditions secondaires. Suivant le volume des particules, le sable quartzeux absorbe, par exemple, 3 à 7 fois son volume d'ammoniaque, tandis que la terre argileuse en absorbe 43 à 5o fois. Moins volumineux sont les particules du sol, plus grand est leur pouvoir absorbant pour les gaz (Ammon). Parmi les particules constituantes chimiques du sol, c'est l'oxyde de fer hydraté qui est doué au plus haut degré de pouvoir aborbant ; vient ensuite, dans l'ordre décroissant : l'humus, le gypse, le kaolin, le carbonate de calcium et la poussière quartzeuse.

Des recherches ont démontré que le sol peut enlever aux solutions des sels, les bases ou les acides, ou les uns ou les autres en même temps ; parmi les bases, ce sont le potassium et l'ammoniaque qui sont absorbés le plus énergiquement, tandis que le sodium, la chaux et la magnésie le sont plus faiblement ; parmi les acides, ce sont les acides phosphorique, silicique et carbonique qui sont absorbés, tandis que les acides azotique, chlorhydrique et sulfurique ne le sont point, ou ne sont retenus qu'en petite quantité. L'absorption des substances solides par un sol dépend de sa teneur en substances capables de former des composés insolubles avec

les bases et les acides sus-énumérés, savoir :
l'oxyde de fer hydraté qui absorbe l'ammoniaque, le potassium et l'acide phosphorique ;
l'acide silicique hydraté qui enlève aux carbo-
nates leur potassium, et enfin les parties constituantes de l'humus qui forment des sels insolubles avec le potassium, l'ammoniaque et les
autres bases, ainsi que les phosphates. Il est reconnu que les solutions concentrées abandonnent au sol plus de substances que les solutions diluées.

Quant à l'absorption par le sol de substances
organiques, elle dépend, en général, de ses propriétés chimiques et physiques, mais elle est
aussi influencée par la vitesse avec laquelle ces
substances organiques filtrent à travers le sol et
par la teneur de ce dernier en microorganismes.
La filtration lente des solutions, non seulement
des substances organiques, mais aussi des substances minérales, permet à la terre d'en retenir
davantage que dans le cas où la filtration se fait
rapidement.

Thermalité du sol. — La température des
couches superficielles du sol présente un certain
intérêt au point de vue de l'hygiène du sol ou
de l'habitation même. La température du sol

règle, en majeure partie du moins, la température et l'air qui nous environne, et Fodor lui
attribue une influence capitale sur ce qu'il désigne sous le nom de « courants » de l'air du
sol ; enfin elle exerce une action très marquée
sur l'activité avec laquelle s'opèrent les transformations de la matière organique par les ferments du sol.

La température du sol dépend d'abord de la
quantité de chaleur qu'il reçoit. Cette chaleur
provient en partie du centre de la terre et des
actions physiques et chimiques dont le sol même
est le siège ; mais l'action de ces sources de chaleur est à peu près négligeable, du moins lorsqu'il s'agit des couches superficielles, et l'on
peut admettre que la presque totalité de la chaleur reçue par ces couches est due à l'action directe de la radiation solaire. L'intensité du
rayonnement solaire varie avec les conditions
climatériques, le degré de nébulosité, l'état hygrométrique de l'air, la puissance et la direction
des vents, l'angle d'incidence des rayons solaires, de leur absorption par l'atmosphère (4/10
à 5/10 de la chaleur solaire totale), l'inclinaison
et l'orientation de l'emplacement, etc., d'autre
part, la température du sol est encore en rapport
avec certaines propriétés spécifiques du sol, sa

conductibilité, la capacité calorique de ses éléments, sa perméabilité pour l'air et pour l'eau.
L'on conçoit, par suite, que la température du
sol puisse être, de ce fait, essentiellement variable d'un point à un autre, d'un moment à
l'autre.

D'une façon générale, on doit considérer le
sol comme un mauvais conducteur du calorique.
La conductibilité des divers sols est encore imparfaitement connue ; elle dépend, dans une
large mesure, des proportions d'eau et d'air qu'ils
renferment. Voici comment, d'après D. Galton,
un tableau donnant les coefficients de *non-con-
ductibilité* de quelques terrains, le sable pris
pour terme de comparaison, étant le plus mauvais conducteur :

Sable	100,00
Argile légère	76,90
Gypse	73,20
Argile lourde	71,11
Terre argileuse	68,40
Argile pure	66,70
Craie fine	61,80
Humus	49,00

D'après Littrow, la conductibilité pour le calorique d'un sol est d'autant plus faible que ses
parties constituantes sont plus tenues : la pré-

sence de substance organique diminue cette
conductibilité, ainsi que la chaux et la magnésie.

a) Le *pouvoir émissif* d'un sol dépend de l'état
de sa surface ; il est d'ordinaire d'autant moindre
que cette surface est lisse, moins pulvérulente ;
il est moindre pour les substances organiques
que pour les éléments minéraux, surtout que
pour le quartz, pour les sols secs que pour les
sols humides.

b) Le *pouvoir absorbant* d'un sol, non seulement
dépend de l'état de la surface, de la nature des
éléments le composant et de la présence de l'eau
dans ses pores, mais, en outre, dans une très
large mesure, de la couleur du sol. L'humus,
dont la couleur tire sur le noir, a un pouvoir
absorbant bien plus élevé que les sols blancs,
crayeux, par exemple.

c) La *chaleur spécifique* d'un sol, c'est-à-dire la
quantité de chaleur nécessaire pour élever de
1° C. l'unité de poids, dépend bien plus de la
proportion d'eau qu'il renferme que de sa nature. Des expériences ont montré que la chaleur
spécifique des divers éléments minéraux ou végétaux pouvant entrer dans la constitution des
sols est bien inférieure à celui de l'eau. Si l'eau
détermine, par son évaporation, une perte assez

notable de chaleur, elle augmente, par sa présence dans un sol, le pouvoir émissif et, d'une
façon très sensible, la chaleur spécifique et la
conductibilité de ce sol.

De ce qui précède, il résulte que, pour les sols
humides, les oscillations de température sont,
en général, moins étendues que pour les sols
secs, et que la température des premiers est en
moyenne plus basse que celle des seconds, c'est-
à-dire que les terrains humides méritent bien
d'être considérés comme froids, et les terrains
secs comme chauds.

La température du sol ne suit que de loin les
oscillations de la température extérieure ; les
changements de température ne se propagent
vers l'intérieur qu'avec un grand retard. Il faut
un mois pour que la chaleur solaire traverse
une couche de sable de $1^m,80$ et six mois pour
qu'elle atteigne une profondeur de 11 mètres ;
de juillet à janvier, la chaleur se propage de
haut en bas, tandis que de janvier à juillet, le
phénomène inverse se produit.

En somme, le sol joue le rôle de *modérateur
calorique*, et cela avec d'autant plus d'efficacité
qu'il est moins bon conducteur ; le sable est
donc, à cet égard, un sol excellent.

Nappe d'eau souterraine. - Il arrive un moment où l'eau pluviale, après s'être infiltrée à travers les couches perméables du sol, atteint la surface d'une couche imperméable ; elle est alors arrêtée ou ralentie dans sa marche descendante en même temps qu'elle sature complètement les couches perméables situées immédiatement au-dessus de la dite couche imperméable, constituant ainsi de véritables collections aqueuses plus ou moins étendues, auxquelles on donne le nom d'*eaux souterraines*. Ces collections pouvant encore recevoir plus ou moins directement les eaux de la surface du sol, par des fissures et par des cavités naturelles ou artificielles, ont une épaisseur plus ou moins grande, suivant l'abondance de l'eau qui les forme, suivant la perméabilité des couches qu'elles saturent, suivant la configuration de la couche imperméable qui les soutient, cette perméabilité et cette configuration réglant l'écoulement de l'eau souterraine à la surface de la couche imperméable.

Lorsque le sol est formé de couches alternativement perméables et imperméables, il peut exister plusieurs collections aqueuses superposées ; c'est ce qui peut se produire notamment quand une couche perméable comprise entre

deux couches imperméables est superficielle
dans une partie de son étendue, avant de s'en-
gager entre les deux couches imperméables qui
la limitent dans la région où on la considère. Si
d'ailleurs cette couche perméable communique
par des fissures, par exemple, avec la couche
imperméable située au-dessus, siège d'une col-
lection aqueuse, les deux collections ainsi superposées seront sous la dépendance l'une de
l'autre.

En général, on donne le nom de *nappe sou-*
terraine aux collections aqueuses suffisamment
étendues situées au-dessus de la première couche
imperméable du sol. Parfois la première nappe
souterraine est appelée *nappe des puits*. On
désigne les collections situées bien au-dessous
sous le nom de *nappes profondes* ou *arté-*
siennes.

La nappe d'eau souterraine peut, suivant le
cas, faire défaut, être continue ou discontinue ;
elle peut faire défaut, par exemple, dans des
sols dont les couches superficielles sont imperméables ; elle est continue lorsque les couches
qui séparent la surface du sol de la première
couche imperméable sont uniformément perméables, comme les sables d'alluvions ; enfin
discontinue si ces mêmes couches sont irrégu-

lièrement perméables, ou encore imperméables
et traversées par des fissures ou des crevasses.

La nappe souterraine forme, selon la configuration de la couche imperméable qui la soutient, des mers ou des lacs plus ou moins sta-
gnants ou, au contraire, se déplace avec une
vitesse qui dépend à la fois de la déclivité de la
couche sur laquelle elle glisse et de la perméabilité du sol à travers lequel elle progresse. En
réalité, c'est la configuration du sous-sol imperméable qui règle la forme de la surface de la
nappe d'eau souterraine, mais il n'y a pas parallélisme entre l'un et l'autre, pas plus qu'entre
la surface de l'eau dans un lac ou dans un fleuve
et le fond de ce lac ou le lit de ce fleuve. Le niveau de la surface de la nappe souterraine n'est
pas d'ailleurs constant; il varie avec la masse
d'eau qui constitue cette nappe et dépend, par
conséquent, des apports dont elle bénéficie (précipitations atmosphériques, infiltrations de collections aqueuses superficielles ou de cours
d'eau, etc.) et des pertes qu'elle éprouve (infiltrations vers les nappes profondes avec lesquelles elle peut communiquer, écoulement
vers les sources qu'elle forme, vers les cours
d'eau qu'elle alimente); d'après Fodor, les circonstances qui pourraient encore faire varier le

niveau seraient : la nature du sol en tant qu'elle
modifie le pouvoir absorbant ; le degré antérieur
de sécheresse ou d'humidité du sol ; l'obstacle à
écoulement qui, opposé par les rivières au moment de crue, se fait souvent sentir à de grandes
distances ; le degré d'inclinaison de la couche
imperméable sur laquelle les eaux se collectent ;
plus cette inclinaison est forte, plus grandes sont
la facilité et la rapidité d'écoulement et moins
marquées, par suite, les variations du niveau.

Si la vitesse des déplacements horizontaux de
la nappe d'eau souterraine intéresse surtout au
point de vue de la purification des eaux d'alimentation, la profondeur de cette nappe, les déplacements verticaux de sa surface, c'est-à-dire
ses oscillations, présentent de l'intérêt aux points
de vue de la probabilité plus ou moins grande
d'une contamination de la nappe même et de la
stabilité ou plutôt des qualités sanitaires d'un
emplacement. Si le niveau de la nappe souterraine est soumis à de continuelles oscillations,
la rapidité de ces dernières varie beaucoup suivant les lieux et les saisons ; dans certaines localités, les variations du niveau sont peu marquées tandis que, dans d'autres, l'écart entre le
minimum et le maximum peut s'élever à plusieurs mètres dans le cours d'une année. Fodor

indique que l'eau souterraine reste le plus im-
mobile dans les points où elle est le plus rappro-
chée de la surface et que ses oscillations atteignent le maximum d'amplitude là où elle est
le plus éloignée de la surface du sol.

Pettenkofer prétend qu'il y a relation entre
les oscillations de la nappe souterraine et la propagation des maladies épidémiques, mais cette
relation n'est point admise par d'autres savants.
En tous cas, on ne peut contester que les oscillations de la nappe d'eau souterraine contribuent
à déterminer, dans les couches superficielles du
sol, — celles qui intéressent, en somme, l'habitation, — une expulsion de l'air souterrain, un
appel de l'air extérieur, et, par conséquent, un
renouvellement de l'oxygène indispensable à
l'oxydation, sous l'influence de divers ferments,
des matières organiques contenues dans ces
couches superficielles. Ces transformations dont
les matières organiques sont l'objet, sont au surplus modifiées dans les couches que la nappe
d'eau envahit en se déplaçant; les processus
d'oxydation font alors place aux phénomènes de
putréfaction avec processus réducteur, phénomènes dont les produits volatils toxiques sont
ensuite rejetés dans l'air atmosphérique, par les
oscillations mêmes de la nappe. Ce sont là peut-

être, d'après M. Duclaux, les principaux inconvénients des dénivellations de la nappe d'eau
souterraine, que de changer brusquement et sur
de vastes surfaces les conditions de destruction
des matières organiques dans la profondeur du
sol, et de jeter dans l'atmosphère des produits
dont l'inhalation continue peut avoir son reten-
tissement sur la réceptivité d'une population
tout entière. Mais c'est par l'humidité plus ou
moins grande qu'elle peut entretenir dans les
couches superficielles du sol et, par suite, dans
les habitations, que la nappe souterraine ainsi
que les collections aqueuses intéressent la salubrité de l'emplacement et on est d'accord sur ce
point que le degré d'humidité du sol est en relation intime avec la pullulation de certaines maladies, notamment la tuberculose. Il découle de là
que, si l'on veut utiliser les caves des habitations,
il faut qu'elles ne soient jamais envahies par
l'eau souterraine, c'est-à-dire qu'il faut pour
que les habitations soient salubres, que leurs
assises n'atteignent même pas la zone où l'eau
souterraine s'élève par capillarité. Le niveau supérieur de cette zone est d'ailleurs en relation
directe avec le niveau de la surface de la nappe
souterraine, dont il suit les oscillations, la zone
est seulement plus ou moins épaisse selon le

pouvoir capillaire du terrain où on la considère. En d'autres termes, si le niveau de la nappe souterraine se rencontre d'une manière permanente à 5 mètres au moins de profondeur, l'emplacement peut être considéré comme salubre ; il est insalubre si on le trouve à moins de 1^m,5o. Il va sans dire que si l'habitation devait avoir plusieurs étages de caves ou si les fondations devaient descendre à plus de 4 mètres au-dessous de la surface du sol, il serait prudent que la nappe fût plus profondément située. Si la nappe quoique éloignée de la surface du sol de plus de 5 mètres est sujette à des variations de niveau fréquentes et étendues, il y a lieu de considérer le sol à cet emplacement comme insalubre, car les matières organiques contenues dans le sol étant alternativement submergées et laissées à sec, se trouveront, comme il est dit plus haut, dans des conditions favorables à la fermentation putride et à la production des miasmes ; il est vrai que, dans ce cas, on peut améliorer le terrain par le drainage.

La meilleure condition est celle d'un terrain formé d'une couche épaisse d'un sol poreux et sec séparant complètement les fondations de la bâtisse de la nappe d'eau souterraine (Denton). En conséquence, le constructeur ne fera pas

porter simplement son examen sur les seules
couches mises à nu pour la construction, mais
il s'assurera, en outre, de l'état du sol jusqu'à la
première couche imperméable, si cela est possible ; il devra encore reconnaître le niveau de
l'eau souterraine et enregistrer ses fluctuations.
Il étudiera la nature du sol, ce qui lui permettra
de fixer la hauteur à laquelle l'action de la capillarité peut être encore à craindre et il n'as-
soiera la première couche de matériaux sur laquelle plus tard s'élèvera la maison qu'à la
hauteur minima de $0^m,30$ au-dessus du point
ainsi déterminé. On peut donc poser, avec MM. E.
et F. Putzeys la règle suivante : quel que soit
le sol, s'il est saturé d'eau jusqu'à une distance
peu considérable de la surface (par défaut
d'écoulement), qu'il s'agisse de gravier, de
sable, d'argile ou de tout autre terrain, il est
impropre à la bâtisse, à moins que, par le drainage, on n'abaisse l'eau souterraine à une profondeur suffisante, non seulement pour réduire
l'évaporation, mais encore pour empêcher l'as-
cension de l'humidité par attraction capillaire,
jusqu'au sol des caves et jusqu'aux fondations.

Souillures du sol. — Le sol reçoit à sa surface et dans ses couches superficielles les ca-

davres des végétaux, les cadavres et les excrétions des animaux, enfin tous les déchets de l'habitation humaine. Cette quantité de matières organiques qui représente les souillures du sol, devient plus ou moins vite la proie de microbes divers qui la détruisent ou la solubilisent. Les eaux pluviales tendent à entraîner dans le sol les matières organiques solubles ou celles assez finement pulvérisées pour rester en suspension dans l'eau ; mais le pouvoir absorbant du sol pour les substances dissoutes et les phénomènes d'adhésion moléculaire, s'opposent dans une certaine mesure à cette pénétration, maintiennent confinées dans les couches superficielles les matières organiques et retiennent plus près de la surface du sol les matières les moins solubles.

A l'article : *Rapports du sol avec l'air*, nous disons que l'absence plus ou moins complète d'oxygène dans le sol, est de nature à déterminer, sous l'influence de microorganismes, un processus de décomposition de matières organiques susceptibles de donner naissance à des composés nuisibles à la santé de l'homme. En outre des conditions défavorables que peuvent, de cette façon, créer, pour l'homme, l'ensemble des matières organiques répandues dans les couches superficielles du

sol, certaines de ces matières, principalement les
excrétions des individus malades et leurs cadavres, risquent d'apporter dans le sol des germes
de maladies infectieuses et ainsi constituer pour
les vivants un nouveau danger. C'est bien plus
la nature des matières organiques contenues
dans un sol qu'il est important de connaître
que la quantité même de ces matières et leur
répartition dans les différentes couches du sol.
Toutes les matières organiques ne présentent
pas, en effet, la même valeur au point de vue
hygiénique; celles qui sont d'origine animale
sont généralement considérées comme plus dangereuses que celles d'origine végétale. Il y a
donc nécessité de les distinguer entre elles et
également de reconnaître si les matières organiques qui souillent un sol sont des déjections
animales, des infiltrations d'égouts ou de fosses
d'aisances; l'hygiéniste y arrive par une analyse
chimique et par une analyse bactériologique.

Si, dans certains cas, les matières organiques
animales ou végétales dont le sol est imprégné
constituent une cause d'insalubrité, le danger
est encore plus grand au voisinage des lieux
habités, par suite de l'imperfection des procédés
utilisés par l'homme pour se débarrasser de ses
matières excrémentielles et de tous les déchets

domestiques. On ne s'imagine pas combien parfois
sont fabuleuses les quantités d'excreta, d'urine
et d'eaux sales s'échappant des fosses fixes dont
l'étanchéité est difficile à maintenir, de puisards
ou puits perdus, ou d'anciens égouts à parois
perméables, et l'on peut dire que certaines maisons ont leurs fondations établies dans un véri-
table cloaque ; on devine la valeur de l'air res-
piré par leurs habitants.

Sans doute, le sol possède un pouvoir purifi-
cateur merveilleux ; les matières organiques
qu'on lui confie s'y oxydent, s'y brûlent et fournissent, comme derniers termes de leur décomposition, des produits minéraux parfaitement indifférents, mais pour se faire, cette
oxydation, due à l'activité de microorganismes
jouant le rôle de ferments, demande certaines
conditions, comme aussi le temps exigé par ce
travail de destruction est très variable et diffé-
rent, pour certains corps, selon le degré de saturation du sol.

La nature du terrain, la température, le degré
d'humidité, la perméabilité à l'air ont une influence sur l'oxydation et la décomposition des
matières organiques. Dans un terrain sablonneux, la décomposition est bien plus active que
dans l'argile, ce qui constitue, pour cette der-

nière, une nouvelle cause d'infériorité, car, dans
un sol impropre à oxyder, les substances nocives, infectieuses, peuvent se conserver longtemps, rendant ainsi possible l'infection de l'air
et de l'eau. En général, la production d'acide
carbonique (qui donne la mesure de l'énergie
des oxydations) augmente avec la température
dont elle suit presque parallèlement les variations ; cependant, quand la minéralisation est
commencée, un refroidissement très notable
($-11°$ C.) ne la ralentit plus. On peut donc en
conclure que, même au cœur des hivers les plus
rigoureux, la destruction des matières organiques n'est pas interrompue. La décomposition
réduite à zéro par la sécheresse absolue du milieu augmente avec l'humidité ; il suffit que le
sol renferme $4\ ^0/_0$ d'eau pour qu'elle se mani-
feste intensivement. Dans un sol saturé d'eau,
et même dans un sol inondé, la destruction des
matières organiques se maintient à un degré
élevé (Fodor, Schlœsing). La ventilation du sol
exerce aussi une grande influence sur la décomposition, toutes choses égales d'ailleurs, les
phénomènes de combustion sont deux fois plus
actifs dans un sol où l'air se meut deux fois
plus facilement.

L'absence d'air ou son insuffisance, la satura-

tion du sol par des matières organiques, représentent les conditions de la putréfaction ; celle-ci
se produit forcément quand un terrain reçoit
plus de matières organiques qu'il n'en peut mi-
néraliser, car l'état de saturation finit par être
atteint. Il en sera de même si la perméabilité est
diminuée ou détruite. Le remède à cette situation se trouve dans l'éloignement de la cause,
toute souillure ultérieure devra être évitée et
l'on fera en sorte de rétablir la perméabilité du
sol (Putzeys).

Des expériences de Parkes et Sanderson ont
démontré que l'oxydation des substances les
plus facilement destructibles, entre autres les
déchets végétaux, est complète en 3 ans ; que le
bois et les étoffes de laine résistent davantage.
Il faudrait un plus long temps encore en ce qui
concerne les matières fécales ; d'après Knight,
tout sol contaminé par des excreta devrait être
déblayé. Rawlinson conseille de recouvrir d'une
bonne couche de charbon tout terrain sur lequel
on se propose de bâtir et qui a été remblayé
antérieurement au moyen de déchets riches en
substances organiques.

Microbes du sol. — Les couches superficielles du sol renferment une infinie variété de

microbes ; toutes les espèces banales peuvent
s'y trouver. Comme ce sont les mêmes forces
d'adhésion moléculaire qui règlent le chemi-
nement dans le sol des matières organiques et
des microbes dits *saprophytes* qui les trans-
forment, comme d'ailleurs ces êtres microscopiques se développent principalement dans les
endroits où ils trouvent une nourriture à leur
convenance, on conçoit qu'il doive exister un
certain parallélisme tant qualificatif que quan-
titatif entre les microbes du sol et les matières
organiques elles-mêmes.

Des recherches confirment, en effet, que si le
nombre et la diversité des microbes saprophytes
sont infinis en surface, ils diminuent progres-
sivement à mesure que l'on s'enfonce pour se
réduire à quelques-uns, aux limites de la pénétration des matières organiques, c'est-à-dire à
quelques mètres de la surface.

Des observations ont montré encore qu'il
peut y avoir, dans un sol, des couches stériles
entre deux assises peuplées de microbes et enfin
que le nombre de germes en surface est moins
abondant en hiver que pendant la belle saison,
ce qui s'explique puisque la température plus
basse en hiver est défavorable à la multiplication des microbes et que les pluies, balayant

fréquemment le sol en celte saison, entraînent beaucoup de matières organiques.

Bactéries par gramme ou c^{m3} de terre

(d'après Bodin : *Bactéries de l'Air, de l'Eau et du Sol,*
Encyclopédie des Aide-Mémoire)

Profondeur	Paris Champ-de-Mars (Miquel)	Jardin à Berin (Fränkel)	Sol argileux (Kramer)	Terrain cultivé à Iéna (Reimers)	Sol de ville à Turin (Maggiora)
Surface	4 000 000	450 000	650 000	2 564 000	32200000
0m,50	//	300 000	500 000	//	//
1m	305 000	150 000	36 000	//	80 000
1m,50	//	80 000	700	//	//
2m	7 100	200 000	//	23 000	20 000
2m,50	//	700	//	//	//
3m	//	100	//	6 170	18 000

A côté des divers microbes saprophytes qui président aux transformations des souillures organiques, il y a encore, dans le sol, des *microbes pathogènes*, mais leur place y paraît infime en comparaison de celle des premiers. C'est parce que le sol, quoique formant notre support commun, ne se mêle pas à la vie humaine aussi intimement que l'air et l'eau. Quelques-uns de ces microbes pathogènes, comme le bacille du tétanos, la bactéridie char-

bonneuse, y sont si abondamment répandus
que l'on en conclut que le sol est, pour ainsi dire,
leur milieu normal ; d'autres (tuberculose,
diphtérie, fièvre typhoïde, choléra, etc.), s'y
rencontrent accidentellement en quelque sorte,
ou se comportent différemment dans la terre ;
c'est-à-dire qu'habitués au milieu vivant, ils ne
rencontrent dans le sol que des conditions de
vie précaires ; en surface, ils sont exposés à la
lumière bactéricide du soleil, en profondeur, ils
ne trouvent pas toujours la température, l'aération, les aliments qui leur conviennent. De plus,
ils y sont en concurrence vitale avec des légions
de saprophytes qui y prolifèrent activement
parce qu'ils sont sur leur vrai terrain, et qui
ont plus ou moins vite raison de ces intrus. La
distribution des microbes pathogènes dans le sol
correspond à celle qui est indiquée à propos des
microbes saprophytes, leur nombre diminue
avec la profondeur. Des recherches entreprises
montrent, en outre, qu'ils disparaissent en un
temps relativement court.

La recherche des microbes dans un sol, principalement des microbes pathogènes, présente un
grand intérêt pour l'hygiéniste puisqu'elle lui
permet notamment de comparer entre elles des
couches de même profondeur prises dans divers

emplacements et d'en tirer des indications sur le degré de souillure de ces emplacements mêmes et, par suite, sur leur salubrité relative.

Assèchement et blindage du sol. — Pour supprimer les influences que le sol exerce sur l'air circonscrit et plus ou moins immobilisé des habitations qu'il supporte ou, tout au moins, le rendre indifférent pour l'atmosphère d'une habitation, il faut donc, tout d'abord, épargner au sol, au voisinage de cette habitation, les souillures de surface ou de profondeur qui peuvent donner lieu à des fermentations putrides, ensuite maintenir le niveau de la nappe d'eau souterraine au-dessous du sol des caves et annuler les échanges entre l'air tellurique et l'air intérieur de l'habitation.

a) Assèchements par drains. — Il est convenu, comme l'ont demandé les hygiénistes allemands à Munich lors du Congrès de 1875, que la nappe d'eau souterraine, à son niveau le plus élevé, devra se trouver au moins à 1 mètre du sol des caves. Si l'emplacement choisi n'offre pas naturellement cette condition, il ne reste qu'à abaisser et à uniformiser le niveau de l'eau souterraine par le drainage, lequel comprend les drains proprement dits et la canalisation des immondices.

Le moins qu'on puisse faire, nous dit le
Dr Arnould, et c'est le cas pour les habitations
isolées, c'est d'établir dans le sol de simples
drains, tels qu'on les emploie en agriculture, en
les plaçant assez profondément pour que les
fondations de l'habitation ne les atteignent ni
les écrasent, et en les multipliant non seulement
sous la maison, mais encore dans les alentours
dans une proportion correspondant au degré
d'humidité du sol, à la présence d'infiltrations,
de sources, etc. Ces drains peuvent n'être que du
gravier ou des fragments de pierres (*fig.* 1 et 2),
mais il est préférable d'employer des tuyaux en
terre cuite (*fig.* 3). Dans tous les cas, on donnera
aux drains une pente continue et suffisante et on
les fera aboutir à un cours d'eau ou à un puits absorbant placé assez loin et creusé assez profondément pour qu'il traverse la couche imperméable.
S'il est nécessaire, on placera sous le sol de la cave
des lignes de drains, séparées de 4 à 5 mètres,
croisant les lignes du système le plus profond et
recouverts en terre bien tassée. Il va sans dire
que ce système de drainage doit rester absolument indépendant du réseau de canalisation
pour l'évacuation des eaux usées de l'habitation
et que son émissaire ne doit jamais déboucher
dans ce réseau.

L'heureuse influence que le drainage exerce
sur la solubilité de la surface a été maintes fois
constatée en Angleterre où ce procédé est fort en
honneur. Nos règlements de police sanitaire de-
vraient l'imposer à toutes les nouvelles constructions des villes.

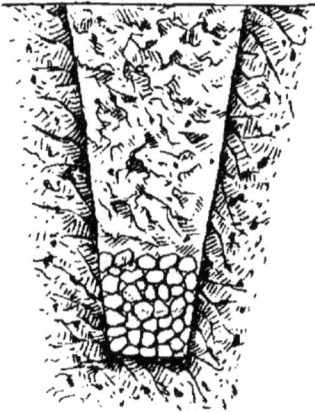
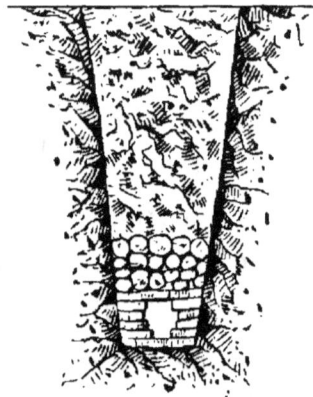

Fig. 1   Fig. 2

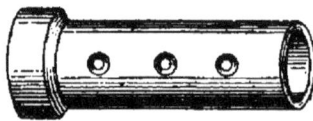

Fig. 3

On commettrait une erreur en croyant que
l'on s'est fait un sol convenable pour la construction, en comblant avec des matériaux solides
un terrain creux où l'eau se collectait auparavant en un marécage plus ou moins évident ; en

procédant ainsi on a simplement recouvert, mais non supprimé le foyer d'émanations.

Lorsque le niveau de la nappe est trop près de la surface du sol, au point qu'il faille renoncer à la maîtriser, l'on doit néanmoins en séparer absolument l'étage le plus bas de la maison. Pour cela, au lieu de chercher à abaisser l'eau souterraine, on élèvera l'habitation sur pilotis ou sur des assises de maçonnerie.

b) Assèchement par les égouts. — Les égouts unitaires qui reçoivent les eaux ménagères et les eaux pluviales, sont un puissant moyen d'éloigner l'humidité d'origine tellurique. D'abord, ils préviennent l'infiltration de ces liquides dans le sol par les interstices du ruisseau de rue. Lorsque l'installation est complète, le tuyau de descente des eaux pluviales conduit à même celles-ci des chéneaux de la toiture à l'égout, les empêchant de cette façon de tomber au pied des murs dans lesquels elles pénétreraient par capillarité. Quant à l'eau tombée dans la rue, elle gagne la bouche d'égout la plus proche et, séjournant peu sur la chaussée, elle n'a pas le temps de s'infiltrer notablement.

Mais les canaux ou tuyaux d'égout, quoique imperméables, font aussi l'office de véritables drains, en raison de la perméabilité du sol qui les en-

veloppe et qui a été rendu meuble par le fait du
creusement des tranchées au fond desquelles repose les canaux ou tuyaux. L'eau circule naturellement avec plus de facilité le long de la paroi externe de l'égout, la suit par capillarité et
fait appel en même temps à l'eau des couches
plus éloignées.

Le fait est, dit Haselberg, que dans les localités
pourvues d'un bon système de canalisation, on
ne voit pas le niveau de l'eau souterraine dépasser
le segment inférieur des canaux alors même que
la canalisation n'aurait pas été mise en rapport
direct avec cette nappe.

MATÉRIAUX DE CONSTRUCTION

Structure. — Pour que les habitations mettent l'homme à l'abri des variations atmosphériques et que, sans l'isoler de l'extérieur, elles puissent régler ses rapports avec l'atmosphère, il faut que les matériaux entrant dans la dite construction soient poreux et perméables à l'air, afin d'assurer la ventilation naturelle, qu'ils perdent aisément l'eau qui a pu les pénétrer, qu'ils préservent des déperditions trop rapides de calorique ou de l'influence trop directe de la chaleur extérieure, en un mot, qu'ils garantissent à l'habitation un climat artificiel uniforme.

Du fait qu'un grand nombre de ces propriétés sont intimement liées à la présence ou à l'absence dans les matériaux de construction de pores accessibles à l'air ou à l'eau, il s'ensuit que, pour connaître la valeur hygiénique de matériaux destinés à tel ou tel emploi, on se contente d'étudier leur structure au point de vue de leur porosité même. Parmi les propriétés étroitement en relation avec la porosité des matériaux, il convient de citer tout d'abord la perméabilité à l'air dont l'intérêt hygiénique, s'il est encore discuté à l'égard des parois latérales des habitations, est généralement réprouvé pour les parois horizontales séparant divers étages, comme d'ailleurs pour les canalisations d'air ou de fumée. Entre la perméabilité à l'air et la porosité, il n'y a probablement pas proportionnalité ; la présence de pores en cul-de-sac en proportion plus ou moins grande selon les matériaux, mais surtout la différence de dimension des pores s'opposent à l'existence d'une relation aussi simple ; il n'en est pas moins vrai qu'entre la porosité et la perméabilité à l'air, il existe un parallélisme tel que l'on peut tirer de la connaissance de la première de ces propriétés de précieux renseignements sur la valeur de la seconde.

Les diverses propriétés des matériaux dans leurs rapports avec l'eau et, plus particulièrement, leur capacité pour l'eau et leur perméabilité à l'eau, qui jouent un si grand rôle au point de vue de l'humidité des habitations, sont, elles aussi, sous la dépendance de la porosité, quoique, là non plus, il n'y ait de relation simple entre la porosité, d'une part, la capacité pour l'eau ou la perméabilité à l'eau, de l'autre.

De l'accès que les pores donnent ainsi à l'air et à l'eau, il peut en résulter, pour les matériaux, des alternatives de sécheresse et d'humidité en rapport avec les variations des conditions météorologiques ou autres dans lesquelles ces matériaux se trouvent placés ; la rapidité avec laquelle s'effectue la dessiccation des matériaux, rapidité qui intéresse notamment l'hygiène de l'habitation au point de vue de l'assèchement des murs, dépend non seulement de la quantité d'eau absorbée, par suite de la porosité des matériaux, mais encore de la plus ou moins grande facilité que peut mettre l'air à remplacer l'eau dans les pores, remplacement ou substitution qui se fait d'autant mieux que le grain des matériaux est plus grossier, autrement dit que les pores sont plus larges.

Les propriétés thermiques des matériaux sont, dans une certaine mesure, réglées par les pores, en raison même de l'air ou de l'eau que ceux-ci peuvent contenir. Les expériences de Lang, Galton, Peclet, Serafini et autres, montrent qu'en général, les matériaux de construction ont une conductibilité pour la chaleur et une

capacité calorifique d'autant plus faibles qu'ils
sont plus poreux ; c'est précisément à la présence de tels pores naturellement ou artificielle-
ment créés que la laine de scorie, la terre d'in-
fusoire, les débris de lièges agglomérés, utilisés
comme écrans thermiques dans les parois des
maisons, doivent leur pouvoir isolant.

Quoique ce ne soit pas un détail hygiénique,
il est bon de noter ici que l'existence de pores
dans les matériaux de construction diminue
généralement l'élasticité de ces matériaux,
s'opposant ainsi à la facile transmission des
sons à travers leur masse ; c'est donc à des matériaux poreux que l'on s'adressera de préférence
si l'on veut éviter la propagation de bruits.

Les rapports de la porosité avec la souillure
des matériaux de construction est d'un intérêt
hygiénique des plus importants. Les pores
accessibles à l'air ou à l'eau se laissent, avec
plus ou moins de facilité, pénétrer par les
matières organiques et les microorganismes que
cet air ou cette eau peuvent plus ou moins
accidentellement transporter. Les matériaux
ainsi souillés, à une profondeur variable, par
des matières putrescibles et des êtres vivants
qu'ils ont empruntés au sol qui les environne,
au liquide qui les baigne, ou encore qu'ils ont

soustrait à un nettoyage ou à une désinfection de leur surface, seront capables, on le conçoit, de constituer, à un moment donné, une cause d'insalubrité par suite des décompositions dont ils seront le siège ou des germes qu'ils pourront répandre dans l'air respirable, avec les poussières résultant de leur usure, par exemple.

Propriétés hygiéniques des matériaux de construction. — L'énumération qui précède et que nous empruntons à M. Bertin-Sans suffit pour démontrer les relations plus on moins directes qui existent entre un bon nombre de propriétés hygiéniques des matériaux de construction et leur structure.

1. *Rapports des matériaux de construction avec l'air et les gaz.* — Si, en général, on est d'accord pour proscrire de certains usages les matériaux perméables, il n'en est pas de même au sujet de l'emploi de ces mêmes matériaux pour la construction des murs extérieurs des habitations. On conçoit *a priori* que l'on ne peut admettre leur emploi toutes les fois qu'ils seraient utilisés pour des usages tels qu'ils pourraient permettre l'arrivée jusqu'à nous d'émanations dangereuses, c'est-à-dire pour le sol et les murs des caves, pour le sol des rez-de-

chaussée quand il n'y a pas de caves, pour les
parois des fosses d'aisance. C'est que, dans ces
cas, il y a nécessité à se préoccuper d'empêcher,
soit l'issue de gaz intérieurs, soit la pénétration
de l'air tellurique (ou du gaz d'éclairage) dont
l'accès peut être facilité, on le sait, par les
variations de la pression atmosphérique, celles
de la nappe souterraine, les vents, le chauffage
intérieur des habitations, etc., et dont le mélange avec l'air que l'on doit respirer peut
présenter, comme il a été dit à l'article: *Rapports
du sol avec l'air*, des inconvénients plus ou
moins graves. De même, à l'égard des conduits
ou tuyaux d'évacuation des produits usés de
l'habitation : tuyaux de cheminée, éviers, tuyaux
de chute, siphons, tuyaux d'évent de water-
closets, etc.

Cette imperméabilité doit-elle être exigée pour
les murs extérieurs, les cloisons et murs intérieurs, les planchers et les plafonds? Il est évident
qu'ici la perméabilité aurait pour effet de permettre
des échanges entre l'air d'une pièce habitée la
plupart du temps et celui du dehors ou de pièces
voisines en général pas en même temps occupées,
et, par conséquent, de remplacer, sans courant
d'air, l'air usé par de l'air plus ou moins neuf,
amené au préalable par son contact avec les

matériaux traversés, à une température assez
proche de celle de la pièce dans laquelle il
pénètre. En plus des avantages résultant de
l'influence de la perméabilité sur l'assèchement
des parois, on aurait donc ceux provenant d'une
ventilation s'effectuant dans de bonnes conditions. Par contre, cette même perméabilité
implique cet inconvénient de la souillure des
matériaux par les poussières organiques ou
organisées que l'air peut y véhiculer. Pour
balancer ces avantages avec cet inconvénient, il
est indispensable de connaître l'efficacité de cette
ventilation naturelle. Dès qu'elles furent connues,
les expériences de Pettenkofer, ensuite celle de
Märker, firent attribuer à cette dernière une
très grande importance au point que la plupart
des hygiénistes posèrent comme un principe que
*l'habitation devait respirer à travers ses murs
comme l'homme à travers ses vêtements.* Il faut
dire cependant que cette opinion ne visait que
les parois latérales, car ces mêmes hygiénistes
se rendaient parfaitement compte que la ventilation à travers les planchers et les plafonds
serait plutôt nuisible, parce qu'elle pouvait faire
pénétrer dans les pièces de l'air plus ou moins
infecté des caves ou des greniers, parce que
surtout, elle pouvait déterminer la souillure des

entrevous, excellents milieux de culture pour
les microorganismes et dont les poussières
pathogènes que ne peuvent atteindre ni net-
toyages ni désinfections peuvent aisément
repasser sous l'action d'un simple ébranlement
de plancher dans l'atmosphère des locaux sus-
jacents.

Mais Recknagel, Hudelo, Somasco et d'autres
montrèrent par la suite que les effets de la ventilation à travers les parois bien construites
étaient dans des conditions normales inférieures
à ce que les précédents expérimentateurs avaient
établi et que même cette ventilation était, en
pratique, insignifiante, surtout pour les pièces à
planchers imperméables. Ce qui fit que beaucoup d'hygiénistes réclamèrent l'imperméabilité
absolue des parois latérales, soit sur leur face
interne ou sur leurs deux faces, soit dans tout ou
partie de leur étendue ; cependant quelques-uns,
comme l'architecte Trélat, s'appuyant sur le rôle
joué par la perméabilité dans l'assèchement des
murs, arguant des avantages thermiques des
matériaux poreux, estimant que l'air extérieur
venait oxyder et détruire dans ces matériaux
mêmes les souillures dont l'air intérieur avait
pu les imprégner, continuèrent à préconiser
l'emploi de matériaux perméables, du moins

pour les murs extérieurs. On a fait remarquer à
ces hygiénistes, avec raison, pense M. Bertin-Sans,
que tout paraît infirmer la désinfection spon-
tanée des murs; que les moyens dont on dispose
pour détruire les souillures une fois qu'elles ont
pénétré dans la masse des matériaux étant
inefficaces, il semble qu'il est préférable de
s'opposer à cette pénétration; que, sans doute,
le passage de l'air à travers les matériaux peut
les dessécher si cet air est sec et les matériaux
humides, mais que l'effet contraire peut se
produire si les conditions inverses se trouvent
réalisées; que l'on peut, par des dispositions de
construction, empêcher l'eau de pénétrer dans
les murs par leurs parties inférieure ou supérieure, et que l'emploi de matériaux poreux
recouverts, après assèchement suffisant, sur
leurs deux faces latérales d'une couche ou d'un
enduit imperméable met alors à l'abri de l'humidité; que ce dispositif, s'il supprime la perméabilité des parois, conserve toutefois les avantages
thermiques résultant du pouvoir isolant de l'air
immobilisé dans les pores de ces matériaux
poreux.

Maerker, dans des expériences faites pour déterminer la valeur approximative de la ventilation naturelle dans les circonstances atmosphé-

riques normales, a trouvé que des murs de $0^m,72$
d'épaisseur, construits en divers matériaux,
laissaient passer, par mètre carré et par heure,
sous une différence de température de $1°$ C.
entre l'intérieur et l'extérieur, les volumes d'air
suivants :

Grès . . . . $1^{m3},690$
Calcaire. 2, 320
Briques cuites 2, 830
Tuf calcaire 3, 640
Briques argile crue (pisé) 5, 120

c'est-à-dire que le grès serait de tous les matériaux de construction celui possédant le coefficient de perméabilité le moins élevé, ce qui
s'explique par la porosité moindre de cette
pierre et par son hygroscopicité.

Si la maçonnerie de moellons de calcaire est
beaucoup plus poreuse que la précédente, il
faut toutefois se garder d'en conclure que le
calcaire possède une porosité supérieure à celle
du grès. Considéré isolé, on trouve le calcaire
plus compact et moins perméable, mais on doit
tenir compte de la quantité de mortier à employer, avec ce détail que cette quantité est d'autant plus grande que la forme des matériaux
est plus irrégulière : 1/3 de mètre cube pour les

moellons de calcaire, 3/4 pour la pierre de tuf, 1/6 pour la maçonnerie de briques, 1/8 à 1/6 pour le grès taillé. Or, le mortier étant extrêmement poreux, on conçoit qu'un mur en moellons puisse être traversé par des volumes d'air plus considérables qu'un mur composé de blocs de grès réguliers.

Le tuf calcaire (calcaire d'alluvion d'eau douce) est supérieur à la brique cuite au point de vue de la porosité ; facile à extraire et à travailler, dit Maerker, cette pierre possède une résistance relativement grande aux diverses causes de destruction.

Le pisé l'emporte en porosité de beaucoup sur tous les matériaux précédents ; son peu de ténacité et de durée le font rejeter des grandes constructions murales à moins qu'il ne soit convenablement protégé.

Schürmann, reprenant les expériences de Maerker, mais en tenant compte de l'influence de la température, de la force du vent et de l'épaisseur des murs, obtint les chiffres ci-après :

Expériences de Schürmann

Mur de briques cuites . . .	$0^{m3},257$	Ces chiffres indiquent le volume d'air qui traverse en une heure un mur d'un mètre carré de surface sur un mètre d'épaisseur, sous une pression de $0^{mm},1$ d'eau. (Pour une pression de 1^{mm}, il y aurait lieu de les multiplier par 10.)
Mur de grès .	0, 498	
// d'argile .	0, 510	
// de tuf calcaire . . .	0, 647	
Mur de moellon calcaire . .	0, 869	

Hudelo et Somasco opérant à leur tour avec des procédés différents, arrivèrent aux identiques conclusions suivantes :

1° Les quantités d'air qui passent à travers les murs ou à travers les matériaux sont sensiblement proportionnelles aux pressions qu'elles subissent ;

2° Le passage de l'air à travers les matériaux perméables n'est que faiblement modifié par l'épaisseur traversée ; dans le même laps de temps et sous une même pression,

une pierre de liais d'une épaisseur de 1 laissera passer 4 d'air ;

une pierre de liais d'une épaisseur de 5 laissera passer 2 d'air ;

une pierre de liais d'une épaisseur de 25 laissera passer 1 d'air ;

d'où l'on peut inférer que, des matériaux perméables étant donnés, on peut augmenter considérablement leur épaisseur sans que le volume de l'air qui les traverse soit considérablement réduit ;

3° Sous des pressions variant entre 1 millimètre et 30 millimètres d'eau, une paroi de pierre tendre de 0ᵐ,50 d'épaisseur (épaisseur minimum des murs en pierre) laisserait passer, par mètre carré et par heure, des quantités d'air variant entre 12 et 350 litres (ces chiffres contredisent ceux fournis par Maerker) ;

4° Lorsque les matériaux perméables sont mouillés, ils ne laissent guère passer en air que les 2/5 ou la moitié de ce qu'ils laissent passer à l'état de siccité ;

5° Les ciments sont très peu perméables (Hudelo). Les marbres et les bois (dans le sens perpendiculaire aux fibres) ne sont pas perméables sous les pressions ne dépassant pas 30 millimètres d'eau. Le plâtre sec, qui laisse passer à peu près comme le calcaire très tendre, est protégé et rendu presque imperméable par deux couches de peinture à l'huile (Somasco). Un enduit de plâtre de 0ᵐ,01 d'épaisseur suffit, surtout si on en recouvre les deux faces d'un mur, pour diminuer notablement la perméabilité de

ce mur ; cette perméabilité a été ainsi réduite
aux 2/5 de sa valeur primitive dans les expériences d'Hudelo.

Lang a trouvé : 1° que le volume de l'air qui
traverse un corps poreux sous pression est : a)
directement proportionnel à une constante de
perméabilité dépendant de la nature du dit
corps ; b) directement proportionnel à la différence de pression entre l'une et l'autre face de
la paroi poreuse ; c) inversement proportionnel
à l'épaisseur de la couche poreuse ; 2° que les
divers matériaux peuvent être groupés comme
suit en série décroissante au point de vue de la
perméabilité :

	Coefficient de perméabilité
1. Tuf calcaire.	7,980
2. Briques en laitier de provenances diverses :	
7,596, 5,514, 2,633, 1,890, 1,751 et	1,687
3. Sapin bois debout	1,010
4. Mortier	0,906
5. Briques pâles (Osnabrück).	0,383
6. Béton	0,258
7. Briques à la main, très cuites (Munich). .	0,203
8. // de four (Klinker) non émaillées .	0,145
9. Ciment de Portland.	0,136
10. Grès vert. . . . . 0,130 et	0,118
11. Briques à la main, peu cuites (Munich). .	0,086
12. Plâtre coulé.	0,040
13. Chêne bois debout	0,006
14. Briques (Klinker) émaillées , , ...	0,000

Le plâtre est donc extrêmement compact, aussi les plafonds en stuc et tous les revêtements de plâtre ne sont-ils nullement recommandables, si l'on veut assurer la ventilation naturelle. Quant à un mur maçonné en plâtre, il serait à peu près 3 fois moins perméable qu'un mur maçonné avec de la terre à four.

Serafini a déterminé qu'un mur en briques jaunes faites à la main, construit avec 4/5 de briques pour 1/5 de mortier, achevé depuis une année, bien sec, laissait passer par mètre carré et par heure 600 litres d'air, sous une différence de pression de 10 millimètres d'eau. Il a aussi confirmé cette conclusion de Maerker que la nature des pierres ou briques utilisées pour la construction d'un mur n'a que peu d'influence sur sa perméabilité, la plus grande part de cette perméabilité revenant au mortier.

Les couleurs et les papiers de tenture diminuent la perméabilité des murs auxquels ils sont appliqués ; d'après Lang, on peut, à ce point de vue, les ranger comme suit : 1° le lait de chaux ; 2° la couleur à la colle ; 3° les papiers glacés ; 4° les papiers peints ordinaires, la perte de perméabilité étant d'autant plus considérable que la couche d'amidon employée pour les coller est plus épaisse ; 5° la couleur à l'huile

anéantit complètement la perméabilité, du
moins lorsque son application est encore fraîche.
Somasco l'avait signalé au cours de ses expériences ; par la suite, Roth et Lex l'ont aussi
constaté lors d'expériences faites à l'hôpital mi-
litaire de Bonn.

II. *Rapports des matériaux de construction
avec l'eau.* — Les propriétés des matériaux de
construction dans leurs rapports avec l'eau intéressent aussi l'hygiène. L'humidité des murs et
des cloisons réglant dans une large mesure aussi
bien l'état hygrométrique de l'atmosphère de
l'habitation que l'état thermique des pièces qui
constituent cette dernière, influant ainsi sur la
santé des habitants, il est donc indispensable
que le constructeur sache faire choix, lors de la
construction de l'habitation, de matériaux qui,
grâce à leurs propriétés et à un emploi judi-
cieux, soient incapables d'entretenir l'humidité
des parois dans la confection desquelles ils
doivent entrer. En plus de l'eau nécessaire à
leur édification, les murs peuvent aussi recevoir
directement l'eau pluviale, puiser pour ainsi
dire dans le sol l'eau qui l'imprègne, absorber
ou condenser la vapeur d'eau de l'air qui les
baigne. De là, la nécessité de connaître la capacité des matériaux pour l'eau, leur pouvoir ca-

pillaire, leur perméabilité à l'eau, leur hygroscopicité. Même préoccupation sanitaire de ces
propriétés lorsqu'il s'agit d'utiliser les matériaux pour la confection des planchers, pour les
toitures, la construction des fosses d'aisance, le
revêtement des cours, etc.

*a) Capacité pour l'eau des matériaux de
construction.* — La capacité pour l'eau des matériaux de construction a été l'objet de nombreuses déterminations de la part de Lang,
Schürmann, Witting, Tollet, Serafini, Pellegrini, etc. Leurs résultats sont inscrits en série
décroissante dans le tableau des p. 104, 105
et 106.

« La divergence des résultats trouvés par divers expérimentateurs peut être attribuée, dans
certains cas, nous dit M. Bertin-Sans, à la méthode suivie, mais il a été aussi établi que des
matériaux de composition invariable possédaient
des capacités pour l'eau souvent bien différentes
selon le gisement ou le mode de fabrication ». La
capacité hydrique d'un même échantillon est
encore plus ou moins modifiée par les enduits
dont on peut recouvrir sa surface, selon que ces
enduits ferment plus ou moins complètement
ses pores et sont eux-mêmes plus ou moins perméables. Cette capacité peut ainsi être complète-

Tableau de Lang, Schürmann, Witting, Tollet, Serafini, Pellegrini, etc.

Nature des matériaux	Volume d'eau absorbée p. 0/0	Noms des expérimentateurs
Plâtre.	50,9	Schürmann
Tuf volcanique lithoïde rougeâtre	44,6	Serafini
Brique jaune faite à la main.	43,7	//
Plâtre cuit pulvérisé et réduit en bloc.	42,5 à 40,0	Tollet
Briques faites à la main . .	38,7 à 37,0	Maerker
Brique rouge faite à la main.	36,7	Serafini
// en laitier faite à la main	35,9	Witting
Tuf volcanique lithoïde jaunâtre	35,8	Serafini
Mortier gras préparé au laboratoire.	35,5	//
Mortier enlevé à un vieux mur.	33,8	//
Briques faiblement cuites. .	32,7	Lang
Tuf calcaire.	32,2	Schürmann
Brique jaune faite à la machine	31,5	Serafini
Brique en laitier fabriquée à la machine	29,8	Witting
Briques très cuites	28,3	Lang
Mosaïque composée de mortier de chaux hydraulique et de petits cailloux concassés	28,0	Tollet

Tableau de Lang, Schürmann, Witting, Tollet, Serafini, Pellegrini, etc. (suite)

Nature des matériaux	Volume d'eau absorbée p. $^0/_0$	Noms des expérimentateurs
Briques réfractaires. . . .	27,9	Lang
Grès crayeux	27,6	Witting
Ciment	26,5	Schürmann
Mortier	26,0	Lang
Briques comprimées à la machine	24,9	Schürmann
Mortier	24,2	//
Briques en laitier (diverses provenances)	25,8 à 22,6	Lang
Tuf calcaire.	20,2	//
Béton	19,1	//
Grès	18,1	Schürmann
Ciment de Portland. . . .	17,8	Lang
Moëllon calcaire (diverses provenances)	17,7 à 16,9	//
Grès (pierre de taille) . . .	16,7	Witting
Dolomie	14,7	Lang
Calcaires tendres ou grossiers.	33,5 à 14,0	Tollet
// durs	17,0 à 12,0	//
Grès argileux	11,1	Witting
Ardoises	11,3 à 10,1	Pellegrini
Calcaires schisteux	9,3	Lang
Ciment en dalles	20,0 à 8,0	Tollet
Meulières	20,0 à 8,0	//
Grès verts (diverses provenances)	10,8 à 7,0	Lang
Briques	32,5 à 6,0	Tollet

*Tableau de Lang, Schürmann, Witting, Tollet,
Serafini, Pellegrini, etc.* (fin)

Nature des matériaux	Volume d'eau absorbée p. $^0/_0$	Noms des expérimentateurs
Bois de sapin	5,0	Tollet
// de chêne	4,5	//
Porphyre.	2,75	Lang
Tuiles.	29,0 à 2,6	Tollet
Carreaux.	2,0	//
Grès crus	1,5	//
Syénite	1,38	Lang
Ardoises	9,0 à 1,0	Tollet
Marbre blanc saccharoïde. .	0,65	Pellegrini
Granit à grains fins . . .	0,61	Lang
Marbre blanc	0,59	//
Serpentine	0,56	//
Grès cérame	5,0 à 0,50	Tollet
Bois de sapin	0,46	Pellegrini
Granit à gros grains . . .	0,45	Lang
Marbre blanc ordinaire de carrières diverses (Massa et Carrare)	0,49 à 0,37	Pellegrini
Marbre saccharoïde	0,25	Serafini
// (diverses provenances)	0,22 à 0,11	Lang
// de Sainte-Anne . . .	0,05	//
Briques émaillées.	0,00	//

ment annulée par quelques couches de vernis
hydrofuges (Poincaré).

b) Pouvoir absorbant capillaire des matériaux. — Le pouvoir absorbant capillaire des matériaux de construction est la quantité d'eau qui peut s'élever par capillarité à travers une surface donnée de ces matériaux ; les hygiénistes l'apprécient d'après la quantité d'eau maxima que peuvent ainsi absorber les matériaux ou d'après la quantité d'eau qui peut les pénétrer dans un temps donné. Le pouvoir absorbant capillaire dépend, suivant le cas, d'influences plus ou moins complexes, mais il est toujours en relation avec la capacité hydrique des matériaux et avec les actions capillaires qui s'exercent au niveau de leurs pores.

Poincaré, qui a, le premier, effectué des mesures dans ces conditions, a obtenu, sur des échantillons ayant 19 centimètres carrés de surface de base sur $12^{cm},5$ de hauteur et plongeant de 5 millimètres dans l'eau, les résultats indiqués dans le tableau de la p. 108.

c) Gélivité des matériaux. — Sous l'action de la gelée, certaines briques et pierres peuvent se fendre, se déliter en feuillets ou en éclats plus ou moins irréguliers, plus ou moins nombreux ; on dit que ces matériaux sont gélifs et on évalue leur gélivité d'après l'importance des détériorations qu'ils peuvent ainsi subir. Les

Expériences de Poincaré

Désignation	Augmentation de poids (en grammes)						
	Après 1 heure	Après 2 heures	Après 3 heures	Après 5 heures	Après 7 heures	Après 24 heures	Après 48 heures
Pierre de Chaumont	28	35	39	50	51	51	51
// de Savonnière	27	34	38	39	39	40	40
// de Chalvraine	21	26	30	33	33	34	34
// de Balin	16	20	21	25	27	37	37
// d'Euville	15	19	21	24	25	26	26
// de Reffroy	14	16	19	22	24	26	26

mortiers de chaux, ceux de ciment peuvent encore présenter la même propriété. Il est aisé de
reconnaître si des matériaux sont gélifs et de
mesurer le degré de leur gélivité par le procédé
Brard ou par le procédé Blümcke.

Le procédé indiqué par le minéralogiste Brard,
modifié par l'ingénieur des mines Hericart de
Thiéry, est à la portée du constructeur ; il consiste à prendre de l'eau de pluie comme étant la
plus pure, en quantité suffisante, à y faire dis-
soudre à froid du sel de Glauber (sulfate de
soude) jusqu'à saturation, ce qui se reconnaît
par un reste de sel non dissous au fond du vase.
On place alors un cube de $0^m,05$ de côté de la
pierre à éprouver au fond d'un vase en terre
cuite, et l'on verse dessus la dissolution ainsi
saturée, de façon à recouvrir entièrement le
cube. On met le vase sur le feu en laissant
bouillir pendant une demi-heure. On laisse re-
froidir et l'on retire le cube que l'on suspend à
un fil au-dessus du vase contenant la dissolution.
Au bout de deux ou trois jours, le cube de
pierre se couvre d'une espèce de mousse blanche
ou de petites aiguilles semblables au salpêtre des
caves ; on plonge alors le cube dans la dissolution, et l'on répète cette opération plusieurs
fois de suite, toutes les fois d'ailleurs que

l'efflorescence est bien formée. Si les arêtes et
les angles du cube sont restés d'équerre, c'est
un indice que le matériau examiné n'est pas
gélif ; s'ils sont arrondis, s'il s'est détaché des
morceaux que l'on trouvera au fond du vase,
c'est un indice qu'il ne résistera pas complètement à l'action de la gelée. La plus ou moins
grande quantité de grains ou de fragments en-
traînés indiquera aussi la plus ou moins gélivité et si l'on veut savoir lequel de deux matériaux est le plus gélif, il n'y a qu'à peser, après
les avoir séchées, toutes les parties qui se sont
détachées, le matériau le plus gélif aura le plus
fort poids de déchet.

d) *Perméabilité à l'eau des matériaux de
construction*. — La perméabilité à l'eau des
matériaux de construction est la propriété que
possèdent ces matériaux de se laisser traverser
par l'eau lorsque leur capacité pour l'eau est
satisfaite. En général, on définit les coefficients
de perméabilité à l'eau des matériaux de construction par la quantité d'eau qui passe dans
une unité de temps convenablement choisie,
1 heure, sous l'influence d'une différence de
pression égale à l'unité, 1 gramme par centimètre carré ou 1 centimètre d'eau, à travers
l'unité de section, 1 centimètre carré, d'un

échantillon dont l'épaisseur est égale à l'unité,
1 centimètre.   .

D'une façon générale, les matériaux de construction sont d'autant plus perméables à l'eau
— et aussi à l'air — qu'ils sont plus poreux.
Les pierres meulières, les calcaires légers, les
briques peu cuites, sont des matières très poreuses et, de ce fait, absorbent l'eau très aisément,
mais ils s'en débarrassent d'autant plus vite que
les pores sont plus grands. L'assèchement est
donc plus rapide pour les meulières que pour
les briques, pour les briques que pour les calcaires.

· Les grès, les granits, les schistes, les briques
très cuites, matériaux peu poreux sont très peu
perméables à l'eau, qu'ils retiennent longtemps.
Le ciment est aussi imperméable à l'eau.

*e) Évaporation de l'eau par les matériaux de
construction et rapidité de dessiccation de ces
matériaux* — L'activité de l'évaporation de l'eau
par les matériaux de construction dépend évidemment des conditions atmosphériques ou autres
dans lesquelles se trouvent placés ces matériaux,
et aussi de la faculté d'évaporation des matériaux, à son tour sous la dépendance de la nature, de la structure et des propriétés de ces derniers. Tollet a trouvé qu'au bout de 64 heures,

les calcaires tendres n'avaient perdu que $\frac{1}{12}$ de leur eau d'absorption, les meulières les $\frac{4}{5}$, le sapin le $\frac{1}{10}$, les calcaires durs et le chêne le $\frac{1}{3}$, les briques et le ciment, la $\frac{1}{2}$.

Les hygiénistes se sont aussi préoccupés de déterminer le temps que les divers matériaux imbibés à saturation et placés ensuite dans des conditions identiques, mettaient à se dessécher complètement, ou tout au moins à perdre par évaporation toute l'eau qu'ils étaient susceptibles de perdre dans les conditions de l'expérience. Ce temps qui représente la rapidité de dessiccation dépend, cela se conçoit, de la quantité d'eau nécessaire pour saturer les matériaux et de la faculté d'évaporation que ceux-ci possèdent ; il fournit d'utiles renseignements sur la valeur hygiénique des matériaux au point de vue de l'entretien de l'humidité dans les habitations.

Le tableau suivant dû à M. Poincaré permet de comparer les matériaux examinés au point de vue de la faculté d'évaporation comme aussi de leur rapidité de dessiccation dans les conditions, bien entendu, des expériences faites par ce savant.

Durée de l'évaporation	Pertes de poids (en grammes) éprouvées successivement sous l'influence de l'évaporation							Température de la salle	Degré hygrométrique de la salle
	Pierre de Ballin	Pierre de Reffroy	Pierre de Chaumont	Pierre de Chalvraine	Pierre de Savonnière	Pierre d'Euville	Mortier		
4 heures	0	0	0	0	1	2	3		
1 jour	6	7	10	8	7	10	7	14	0,60
2 //	7	8	12	10	11	9	9	15	0,58
3 //	7	4	11	8	9	3	6	14	0,56
4 //	7	3	9	4	9	1	4	14	0,53
5 //	3	1	5	3	3	1	0	14	0,55
6 //	5	2	3	1	3	2	0	14	0,59
7 //	0	0	0	0	0	0	0	15	0,58
Perte totale et définitive.	35	25	40	34	43	28	29		
Quantité d'eau antérieurement absorbée	40	26	41	34	44	28	29		

On constate, par ce tableau, que la pierre d'Eu-
ville, par exemple, qui se dessèche complètement en six jours comme celle de Chalvraine et
qui possède, par suite, la même rapidité de dessiccation, a cependant eu un jour une faculté
d'évaporation bien plus grande, puisqu'elle évapore en 24 heures $\frac{12}{28}$ ou 0,428 de l'eau absorbée,
tandis que la pierre de Chalvraine n'en perd que
les $\frac{8}{34}$ ou 0,235.

f) Hygroscopicité des matériaux. — L'hygroscopicité des matériaux de construction est la
propriété que peuvent avoir ces matériaux d'absorber plus ou moins la vapeur d'eau de l'atmosphère.

Le plâtre est un des matériaux de construction
les plus hygrométriques.

Humidité des murs. — On est d'accord pour
considérer l'humidité des parois des habitations
comme un élément important de leur insalubrité
et les hygiénistes qui, comme Lehmann, dé-
clarent qu'il n'existe pas encore de démonstration
absolument irréfutable de l'insalubrité des logements humides, estiment toutefois qu'il est indispensable d'éloigner des locaux toutes les
causes d'humidité et qu'il est prudent de ne

considérer une pièce comme habitable que lorsque ses parois en sont suffisamment asséchées. Si, aux statistiques établissant nettement une mortalité plus élevée dans les logements humides, on objecte, d'après Ascher, que l'humidité n'était pas, en général, seule à incriminer, il n'en est pas moins vrai qu'il suffit de passer en revue les diverses conséquences de l'humidité des parois pour se rendre compte de l'importance sanitaire de cette humidité même.

L'humidité diminue au plus haut degré la perméabilité des matériaux à l'air. Au fur et à mesure que les pores des matériaux reçoivent de l'eau, ils cessent de donner passage à l'air ; abstraction faite d'autres désavantages qui seront signalés plus loin, les murs humides ont donc ce grand inconvénient de ne pas se laisser traverser par l'air. Plus le grain des matériaux est fin, plus l'humidité amoindrit la perméabilité ; aussi une quantité d'eau relativement minime suffit-elle pour détruire cette propriété dans une substance à grain fin ; ainsi le tuf calcaire, dont les pores sont très volumineux, ne perd, par le mouillage, que la moitié environ de sa perméabilité, tandis que celle-ci est anéantie dans les briques anglaises en laitier. L'humectation fait disparaître en grande partie la perméabilité du

mortier ; le béton et le ciment qui ont subi l'action prolongée de l'eau deviennent définitive-
ment imperméables (Putzeys). D'autre part, l'air
peut se frayer d'autant plus rapidement un nouveau passage que le grain est plus grossier ;
ainsi Maerker ayant constaté par un jour de
pluie que la ventilation à travers un mur
de briques était de $1^{m3},68$ par mètre carré et par
minute, trouva que le lendemain, par un temps
sec, elle s'élevait à $2^{m3},83$.

Lang a trouvé qu'un air humide traverse
plus difficilement des matériaux secs, dès que
leur température est inférieure à la sienne, ce
qui s'explique par cette circonstance qu'en
pareil cas, la vapeur d'eau se dépose à la surface
du corps. Dès qu'ils sont exposés à la gelée, les
matériaux humides perdent de leur perméabilité,
et cette propriété est d'autant plus accentuée
que la substance est plus compacte. Si, à travers
un corps poreux congelé, on fait passer un air
parfaitement sec, la perméabilité augmente peu
à peu tandis qu'elle diminue rapidement si l'air
est humide ; de ce fait, on en peut conclure avec
Pettenkofer qu'il est préférable de chauffer en
hiver les chambres à coucher, puisque sans cela
les murs deviennent rapidement humides et
imperméables.

Nous avons vu plus haut que l'humidité des parois influait dans une large mesure sur l'état hygrométrique de l'air intérieur ; or, cet état hygrométrique modifie, d'une part, l'évaporation cutanée, de l'autre, les pertes de chaleur du corps par rayonnement unilatéral et par conduction, c'est-à-dire que nous souffrons dans un air chaud et humide parce que la perte de chaleur due à notre évaporation cutanée n'est y pas suffisamment active, et que nous souffrons dans un air froid et humide parce que nous nous y refroidissons trop vite par rayonnement par conductibilité (Rubner). L'humidité des murs exerce encore une influence sur la température même du local ; l'eau qui imprègne les parois d'une pièce les rend, en effet, meilleures conductrices de la chaleur, en même temps qu'elle augmente plus ou moins leur capacité calorifique ; les murs humides sont naturellement froids en hiver en raison de cette conductibilité et de cette capacité calorifique élevées ainsi que de l'évaporation dont ils deviennent le siège.

L'humidité des murs constitue, en outre, une condition favorable à la végétation et à la multiplication des germes saprophytes ; elle peut faciliter, soit dans l'intérieur même des

parois, soit à leur surface, la production de
fermentations qui souilleront l'atmosphère des
pièces de leurs produits odorants ; les enduits
se recouvriront d'efflorescences diverses, sels
muraux, fleurs de nitre, et de moisissures, qui
pulluleront d'autant mieux que l'eau sera plus
impure ; les bois seront rapidement détruits par
le *merulius lacrymans*, le redoutable champi-
gnon des maisons qui traverse même la maçonnerie et répand facilement un peu partout ses
larmes caustiques ; les papiers peints s'altèreront
et pourront donner naissance, s'ils renferment
de l'arsenic, à des composés volatils toxiques.
Elle est encore une condition favorable à la conservation des microbes pathogènes ; si quelques-
uns de ces derniers résistent à la dessiccation à
laquelle ils peuvent être soumis sur les murs et
parois des habitations, les effets de cette dessiccation ne doivent pas être considérés comme né-
gligeables. Par contre, cette dessiccation des surfaces a cet inconvénient de faciliter le passage,
dans l'atmosphère des locaux, des produits de décomposition de tous les organismes inférieurs et
des microbes ; il est vrai qu'il est possible d'y remédier par un entretien approprié.

Quel que soit donc le point de vue auquel on
se place, il faut redouter les habitations

humides parce que l'air s'y renouvelle difficilement, qu'elles nous exposent à des maladies
parfois graves, parce qu'enfin elles sont une
cause de dépenses supplémentaires de chauffage.
Cela explique que cette question de l'humidité
des murs des maisons neuves soit la préoccupation des constructeurs et des hygiénistes. Attendu que la cause la plus importante de cette
humidité réside dans la masse d'eau nécessitée
pour la construction des dits murs et parois, à
combien peut-on évaluer cette masse? D'après
les calculs de Flügge, chaque mètre cube de
maçonnerie construit avec des briques absorbant
de 10 à 20 % de leur volume d'eau et du mortier contenant en moyenne 250 litres d'eau par
mètre cube, renfermerait 130 à 230 litres d'eau ;
d'après Pettenkofer, il y aurait environ 83 500
litres d'eau dans une maison comprenant un sous-
sol, un rez-de-chaussée et deux étages, pour la
construction de laquelle on aurait employé 167 000
briques et 1 454 hectolitres de mortier (dont un
tiers de chaux). Sans doute, cette cause d'humidité apportée par l'eau de construction n'est en
général que transitoire, mais son importance fait
qu'on en doit tenir compte, aussi est-on unanime
à recommander d'attendre, pour habiter les
constructions neuves, que le volume d'eau qu'elles

ont incorporé se soit plus ou moins complètement évaporée ; dans bien des villes même, plus
particulièrement en Italie et en Allemagne, le
permis d'habiter n'est délivré dans les maisons
neuves qu'après qu'un agent sanitaire a jugé
leur degré d'assèchement suffisant ; partout
ailleurs, des propriétaires peu scrupuleux ont
toute liberté pour mettre en location des habitations à peine achevées et pour les céder souvent
à bas prix à des personnes qui essuyeront les
plâtres, selon l'expression consacrée.

La rapidité avec laquelle l'assèchement est
obtenu dépend évidemment de la masse d'eau
incorporée dans les murs, de la nature des ma-
riaux employés et des conditions climatériques ou
autres, dans lesquelles la construction se trouve
placée. L'effet est surtout rapide en été ; mal-
heureusement, lorsque l'assèchement se produit
trop vite, la solidité des murs s'en ressent, ce
qui fait que les constructions élevées en été ne
présentent pas les mêmes garanties de solidité que
celles du printemps et de l'automne. L'évaporation
étant trop rapide, la formation du carbonate de
chaux aux dépens de l'eau de chaux contenue dans
le mortier n'est pas assez abondante ; or, le carbonate de chaux contribue énormément à établir
l'adhérence des matériaux ; ses cristaux sont

intimement unis, se joignent de même étroitement aux grains de sable du mortier et en as-
surent la fixité.

Glässgen et l'architecte Ch. Nusbaum estiment qu'une construction ne doit être considérée comme sèche et habitable que si l'enduit intérieur de mortier ne renferme pas plus de 1 %
d'eau. Lehmann et Emmerich sont même d'avis
que l'on peut reculer cette limite jusqu'à 1,50
et même 2 %, si l'habitation est pourvue de
moyens de chauffage et de ventilation convenables et si l'on a la garantie que ces moyens
seront utilisés.

La façon dont s'effectue la construction et le
temps qu'on laisse écouler avant l'application des
enduits influent notablement sur la dessiccation
des murs, quoique Sonden prétende qu'un cré-
pissage précoce ne trouble point cette dessiccation ; d'après Arnould, au contraire, « aucun
crépi, enduit ou revêtement quelconque ne sera
appliqué sur la maçonnerie tant que l'on n'aura
pas obtenu son assèchement, car celui-ci ne progresse plus que bien lentement ou même est to-
talement suspendu après la pose d'un enduit ;
tous, en effet, diminuent dans de très sérieuses
proportions la perméabilité de la paroi à l'air ».

Il est difficile, dans l'état actuel de nos con-

naissances, de déterminer le moment où une
habitation récemment construite peut être habitée sans danger, parce que bon nombre des méthodes jusqu'ici conseillées pour la détermination du degré d'humidité des murs ne possèdent
qu'une valeur relative : taches d'humidité, moisissures et odeur de moisi, absorption de l'humidité par le linge, ramollissement et passage à
l'état pâteux de feuilles de gélatine bien sèches
fixées aux parois des pièces pendant deux semaines en été et trois semaines en hiver d'après
le procédé d'Esmark-Abba, sensation éprouvée
par la main au contact des murs, son produit à
la percussion du mur sur un objet métallique
(le son serait d'autant plus clair que l'assèchement serait plus parfait), empreinte laissée sur
l'enduit par le choc d'un marteau ou d'un corps
dur, etc. Sans doute, la constatation de certains de
ces signes peut parfois suffire pour permettre
d'affirmer que l'habitation examinée est humide,
mais pas de déterminer avec quelque précision
le degré de cette humidité ; il pourrait fort bien
arriver que les appréciations déduites de pareilles
constatations fussent absolument erronées. Ainsi,
par exemple, des taches d'humidité ou des moisissures peuvent faire défaut sur des murs ou
parois pourtant humides, la sensation éprouvée

au contact d'une surface murale est en relation
avec quantité de causes étrangères à l'humidité,
telle que conductibilité des matériaux, température du mur, température de la main de l'expé-
rimentateur, enfin la profondeur de l'empreinte
laissée sur un même enduit dépend de la force
avec laquelle on le frappe, etc. La simplicité et
la rapidité de ces méthodes d'examen n'étant
obtenues qu'au détriment de l'exactitude, il s'ensuit que ces méthodes ne doivent pas être utilisées pour les expertises auxquelles donne lieu
cette question de l'humidité des murs ; bien plus,
on devrait renoncer à se baser uniquement sur
leurs indications pour délivrer, en ce qui concerne
les habitations neuves, le permis d'habiter.

Trois méthodes permettent seules une détermination exacte de la quantité d'eau que renferment
encore les parois : la première consiste à rechercher
la proportion d'eau contenue dans des échantillons
des matériaux, du mortier notamment (procédés
de Glässgen, Lassaigne, Emmerich, Lehmann et
Nusbaum, Markl, Gino de Rossi, Ballner, etc.) ;
dans la seconde, on aspire à travers le mur un
grand volume d'air et on en détermine le degré
hygrométrique que l'on compare à celui de la
chambre (procédés de Beer, Casagrandi, etc) ;
dans la troisième, on recherche le degré d'hu-

midité de l'air intérieur et de l'air extérieur et,
par comparaison, on en déduit la proportion
d'eau cédée par les murs. Ces diverses méthodes
ne sont point elles-mêmes sans reproches ni
critiques relativement à l'exactitude des résultats qu'elles fournissent et, dans tous les cas,
exigent des opérations longues et délicates qui
ne sont pas à la portée des constructeurs ni des
agents chargés de l'inspection des maisons neuves,
dans les villes où les règlements le comportent.

**Propriétés thermiques des matériaux de
construction.** — Ces propriétés ont une influence
sur les pertes ou gains de chaleur que nous pou-
vons subir au sein du milieu habité, autrement
dit les gains ou pertes de calorique du fait qu'ils
dépendent du rayonnement du corps humain vers
les parois, de la température de l'air ambiant,
du contact plus ou moins immédiat avec les
planchers ou les meubles, sont liés aux propriétés thermiques des parois.

Les pertes ou les gains que nous éprouvons
dans un local par rayonnement sont sous la dépendance entre autres du pouvoir absorbant ou
du pouvoir émissif des parois vers lesquelles
notre corps rayonne ou qui rayonnent vers nous
de la chaleur. Elles dépendent encore de la tempé-

rature de la face interne des parois ; or, cette température, comme aussi celle du milieu intérieur,
sont en relation avec les diverses propriétés thermiques des matériaux utilisés pour la construction des dites parois. Ces dernières nous fournissent, en effet, une protection plus ou moins
efficace vis-à-vis des variations de la température
extérieure ; en été, elles empêchent plus ou moins
bien l'échauffement intérieur sous l'action de
la chaleur extérieure et, en hiver, le refroidissement intérieur par suite de la déperdition de la
chaleur artificielle produite au dedans, selon
qu'elles opposent dans un sens ou dans l'autre
un obstacle plus ou moins important au passage
de la chaleur.

Des lois régissant la pénétration ou la déperdition de la chaleur à travers les parois, lois très
complexes en raison des nombreuses influences
qui y entrent en jeu et de la variation continuelle
des conditions dans lesquelles cette déperdition
ou cette pénétration s'effectuent, il a été tiré certaines règles qu'il est indispensable au constructeur de connaître s'il veut édifier une construction
salubre. Ainsi il est établi que la transmission
de la chaleur à travers les murs s'effectue,
toutes choses égales d'ailleurs, d'autant moins
facilement que ces murs sont constitués par

des matériaux moins bons conducteurs et sont
plus épais. Il faut donc, lors du choix des matériaux, se préoccuper de leur conductibilité. L'importance d'une faible conductibilité des murs est,
au surplus telle, que l'on a cherché, dans de nombreux cas, à l'obtenir par l'emploi de doubles
murs ou de murs creux, substituant de cette
façon à une couche de matériaux une couche
d'air dont la conductibilité est bien plus faible ;
cette disposition ne paraît pas, comme le font remarquer Astfalck et Russner, présenter l'énorme
avantage thermique sur lequel on croyait pouvoir
compter parce que cette couche d'air n'est pas
complètement immobilisée, que les courants de
convection n'y sont pas rendus impossible, et
surtout parce que la chaleur rayonnante à travers
l'air de la paroi chaude vers la paroi froide n'est
pas, dans cette circonstance, comme dans celle des
doubles vitres, réfléchie par cette paroi. Un bon
isolement est donc nécessaire pour s'opposer à ce
rayonnement ; on en obtiendra un en remplis-
sant l'espace libre intérieur de ce mur creux de
matières pulvérulentes mauvaises conductrices
qui emprisonnent beaucoup d'air, mais qui ne
soient pas comme lui diathermanes, c'est-à-dire
transparentes pour la chaleur, par exemple de
la sciure de bois, de la tourbe, de la terre d'infu-

soires, des rognures de liège, de la laine de scorie, etc. En plus de leur conductibilité, il y a
lieu de se préoccuper de leur chaleur spécifique,
la quantité de chaleur nécessaire pour échauffer
les parois dépendant évidemment de leur capacité calorique. Toutes choses égales, le chauffage
d'une habitation est d'autant plus facile que cette
capacité est moindre, mais il faut ajouter que la
maison trop facile à chauffer se refroidit en re-
vanche trop facilement lorsqu'on supprime le
chauffage ou que la température extérieure
s'abaisse et, de ce fait, ne satisfait plus aux exigences de l'hygiène.

a) *Pouvoirs émissif et absorbant des matériaux de construction.* — Le rayonnement est
le passage de la chaleur d'un corps plus chaud à
un corps plus froid à travers l'espace, sans que
cet espace lui-même soit chauffé ; il n'a d'effet
thermique que lorsqu'il rencontre un corps qui
ne laisse pas passer la chaleur on ne la laisse
passer qu'imparfaitement. Le pouvoir émissif
ou rayonnant d'un corps est donc la quantité
de chaleur perdue par rayonnement dans l'unité
de temps par l'unité de surface de ce corps,
lorsque la température de cette surface est supérieure de $1°$ à celle du milieu où le corps se
trouve placé ; il dépend essentiellement de l'état

de la surface du corps et est, en général, d'autant moindre que cette surface est mieux polie ;
il varie enfin dans une certaine mesure avec la
température du milieu. Nous donnons ci-dessous
quelques-unes des valeurs trouvées par Péclet
pour les pouvoirs émissifs de divers matériaux,
ces valeurs étant exprimées par le nombre de
calories émises par mètre carré et par heure
dans un milieu à 0°, l'excès de température du
corps sur celle du milieu étant comme il est dit
plus haut de 1° :

Métaux

Cuivre rouge.	0,16
Étain	0,215
Zinc.	0,24
Laiton poli	0,258
Fonte neuve lisse	3,17
// rouillée	3,36
Tôle lustrée	0,45
// ordinaire	2,76
// plombée ou zinguée	0,65
// rouillée.	3,36
Argent	0,13
Fer rouillé	3,36

Autres corps

Étoffe de coton, calicot	3,65
Pierre de construction	3,60
Plâtre	3,60
Verre ordinaire.	2,91
Bois	3,60
Charbon en poudre	3,42
Craie en poudre.	3,32

Huile   7,24
Peinture à l'huile   3,71
Papier   3,77
    //   argenté   0,42
    //   doré   0,23
Sciure de bois résineux   4,01
Sable fin   3,62
Copeaux de bois   3,53
Étoffe de soie   3,71
Eau   5,31
Étoffe de laine   3,68
Briques.   3,60
Ivoire, marbre . . . . . . 3,50 à   3,70
Noir de fumée   4,01

Le pouvoir absorbant des divers matériaux peut être considéré comme égal à leur pouvoir émissif donné ci-dessus, du moins tant qu'il ne s'agit que de l'absorption de chaleur obscure. La couleur, comme pour le pouvoir émissif, n'a qu'une influence secondaire, en somme, les surfaces mates émettent ou absorbent le maximum de chaleur, principalement si elles sont noires, et les surfaces polies, principalement si elles sont blanches, en émettent ou absorbent le minimum. En ce qui concerne la chaleur lumineuse absorbée par les parois des habitations, elle est, toutes choses égales, d'autant moindre que la chaleur lumineuse diffusée par ces mêmes parois est plus grande et, par suite, que la coloration de ces parois est plus claire.

b) Chaleur spécifique des matériaux de construction. — La chaleur spécifique des matériaux de construction est le nombre de calories nécessaire pour faire varier de 1° C. la température de 1 kilogramme de ces matériaux. La capacité calorifique de matériaux de construction de composition analogue est généralement d'autant moindre que le volume des pores de ces matériaux est plus grand, à condition cependant que les pores soient occupés par de l'air, dont la capacité calorifique est très faible. Ce serait l'inverse si les pores étaient remplis d'eau, la chaleur spécifique de l'eau étant très élevée par rapport à celle des parties solides des matériaux.

D'après Flügge, pour échauffer de 0° à 100° 100 mètres cubes de maçonnerie en pierres de grès, il faudrait 441 000 calories dont la production réclamerait théoriquement la combustion de 66 kilogrammes de charbon, alors qu'il suffirait seulement de 273 000 calories et d'une combustion théorique de 41 kilogrammes de houille, pour échauffer de la même manière le même volume d'une maçonnerie de briques.

La chaleur spécifique de l'eau étant égale à 1, les expériences de Tyndall, Black, Regnault, Lavoisier, Laplace, Dulong et Petit, etc., ont

permis d'établir les chiffres ci-dessous pour les
chaleurs spécifiques de quelques matériaux de
construction et autres substances pouvant être
utilisées dans la construction :

Eau distillée	1,0000
Bois de pin	0,6500
// de chêne	0,5700
// de poirier	0,5000
Argile	0,2600
Charbon de bois	0,2411
Briques	0,2410
Dolomie	0,2174
Chaux vive	0,2169
Marbre blanc	0,2159
Craie	0,2149
Marbre gris	0,2099
Carbonate de chaux (spath d'Islande)	0,2085
Coke	0,2009
Plâtre	0,1966
Verre	0,1770
Fonte	0,1298
Acier	0,1175
Fer	0,1138
Zinc	0,0956
Cuivre	0,0952
Laiton	0,0939
Étain	0,0562
Plomb	0,0314
Étain fondu	0,0640
Plomb fondu	0,0410
oudure { plomb : 1 / étain : 2 }	0,0451
{ plomb : 1 / étain : 1 }	0,0407

c) *Conductibilité calorifique des matériaux de construction.* — On évalue la conductibilité calorifique des matériaux de construction, d'après la quantité de chaleur qui traverse en une heure un mètre carré de surface d'un mur de 1 mètre d'épaisseur fait avec ces matériaux, et dont les deux faces sont maintenues à des températures différant entre elles de 1°. Cette quantité de chaleur représente le coefficient de conductibilité intérieure des matériaux qui constituent le mur.

Nous donnons, sous forme de tableau (p. 133 et 134), les coefficients de conductibilité x trouvés par Péclet, Neumann, Forbes, Lorentz, Weber, Angström, Berget, etc., pour un grand nombre de substances entrant plus ou moins directement dans la construction des maisons.

Coefficients de conductibilité x

Substances	Coefficients x
Métaux	
Plomb (25,8)	26 à 30
Bronze	90 à 100
Fer (56).	50 à 72
Acier (22 à 40)	22 à 50
Cuivre rouge (330)	260 à 396
Laiton	72 à 108
Zinc (105)	92 à 105
Étain (54)	51 à 55
Autres corps	
Maçonnerie en briques	0,69 à 0,70
// en pierres	1,3 à 2,1
Coton comprimé	0,01 à 0,04
Carton bitumé	0,12
Chêne (direction des fibres) . . .	0,21
Glace (eau congelée)	0,8
Eau salée	0,14
Eau	0,51
Feutre	0,03 à 0,05
Plâtre ordinaire gâché	0,33
// très fin gâché	0,52
// aluné gâché.	0,63
Planches de plâtre et roseaux. . .	0,4 à 0,515

N. B. — Les chiffres entre parenthèses sont les moyennes x généralement adoptées.

Coefficients de conductibilité x (fin)

Substances	Coefficients x
Verre	0,75 à 0,88
Craie en poudre.	0,09
Matière isolante de Leroy	0,091
Marbre (texture fine)	3,48
// (texture grossière)	2,78
Caoutchouc	0,17
Gutta-percha.	0,172
Pierre calcaire à grains fins	1,70 à 2,08
// de liais à bâtir à gros grains .	1,27 à 1,32
Ardoise.	0,29
Cendres de bois	0,06
Sciures de bois	0,05 à 0,065
Charbon de bois (en poudre)	0,08
Pierre à chaux à texture fine . . .	1,7 à 2,1
Poudre d'infusoires	0,136
Coke compact	5,0
// en poudre.	0,16
Liège	0,14 à 0,25
// en poudre	0,08
Houille.	0,11
Sapin (direction des fibres). . . .	0,17
// (normalement aux fibres) . . .	0,093
Noyer (direction des fibres)	0,10
Laine	0,04
Terre cuite argileuse	0,5 à 0,7
Ciment	0,6
Papier	0,034 à 0,043
Sable quartzeux.	0,27

*d) Coefficients de transmission de la chaleur
à travers murs et parois*. — Il ne suffit pas
toujours d'être fixé sur la conductibilité des matériaux employés à la construction d'un mur ou
d'une paroi pour se rendre compte de la façon
dont s'effectuera la transmission de la chaleur à
travers ce mur ou cette paroi, la loi de transmission devant varier sensiblement avec la
proportion des divers matériaux utilisés (si ces
matériaux ont des conductibilités très différentes) ou même, dans certains cas, avec le mode
de construction.

La rapidité de transmission de chaleur à travers un corps ou la quantité de chaleur, en calories qui, par heure, le traverse, est proportionnelle à la différence de température des surfaces
qui le limitent et inversement proportionnelle à
l'épaisseur comprise entre ces surfaces.

On trouvera ci-après plusieurs tableaux donnant les coefficients de transmission de chaleur
par mètre carré, par degré C. de différence de
température entre l'air extérieur et l'air intérieur, par heure (p. 136 à 140).

Maçonnerie de briques

Épaisseur des murs (en mètres)	0,12	0,25	0,38	0,51	0,64	0,77	0,90	1,03
	cal.	cal.	cal.	cal.	cal.	cal.	cal.	cal.
Murs extérieurs, coefficient . . . . . . K =	2,4	1,7	1,3	1,03	0,87	0,75	0,65	0,57
Murs avec couche d'air intérieure de 0^m,03 à 0^m,06 (couche d'air non comprise dans l'épaisseur du mur) . . . . K =	//	1,4	1,1	0,9	0,8	0,7	0,6	0,55
Murs avec revêtement en pierres de taille de 0^m,12 (pierres de taille comprises dans l'épaisseur du mur) . . . . K =	//	1,9	1,5	1.2	1,0	0,85	0,74	0,65
Murs intérieurs . . . . K =	2,2	1,6	1,25	1,0	0,85	0,7	0,6	0,5

Murs intérieurs

	0,04	0,06	0,08	0,10
Épaisseur (en mètres).	0,04	0,06	0,08	0,10
Paroi en treillis de fil de fer et plâtre (en calories) . . . . $K =$	3,1	2,8	2,5	2,3
Épaisseur (en mètres).	0,01	0,015	0,02	0,025
Paroi en planches (en calories). . . . . $K =$	2,7	2,4	2,1	1,9
Épaisseur (en mètres).	//	//	//	0,07
Paroi de 2 planches en épaisseur, revêtues de plâtre à l'intérieur et à l'extérieur (épaisseurs de plâtre comprises dans l'épaisseur : 2 couches de 0^m,01) (en calories) . . . . $K =$	//	//	//	1,2
Epaisseur (en mètres).	//	//	//	0,07
Même paroi que la précédente, les planches écartées de 0^m,10 (écartement des planches non compris dans l'épaisseur (en calories) $K =$	//	//	//.	0,92
Épaisseur (en mètres).	0,03	0,05	0,07	0,10
Paroi en planches, plâtre et roseaux (en calories) . . . . . $K =$	3,2	2,9	2,64	2,33

Murs extérieurs en moellons

Épaisseur (en mètres)	0,30	0,40	0,50	0,60	0,70	0,80	0,90	1,00	1,10	1,20
En grès (x = 1,35) (en calories) K =	2,2	1,92	1,70	1,53	1,39	1,27	1,18	1,09	1,02	0,95
En calcaire (x = 2,01) // K =	2,6	2,3	2,06	1,87	1,7	1,58	1,45	1,36	1,28	1,19

Murs extérieurs en briques, recouverts de plâtre des deux côtés
(en tenant compte du plus grand rayonnement)

Épaisseur (en mètres)	0,30	0,45	0,60	0,75	0,90	1,05
Coefficient de transmission (en calories) K =	1,5 à 1,6	1,1 à 1,2	0,83 à 0,95	0,78 à 0,80	0,60 à 0,70	0,54 à 0,64
Coefficient de transmission en moyenne (en calories) . . K =	1,55	1,15	0,90	0,80	0,65	0,59

Murs de grès à l'extérieur et de briques à l'intérieur

Grès, extérieur, épaisseur (en mètres)	0,10	0,10	0,10	0,10	0,10	0,10	0,10	0,10	0,25	0,25
Briques, intérieur // //	0,12	0,25	0,38	0,51	0,64	0,77	0,90	1,03	0,12	0,25
Coefficient (en calories). . . K =	2,0	1,5	1,2	1,0	0,8	0,7	0,6	0,55	1,7	1,3
Grès, extérieur, épaisseur (en mètres)	0,25	0,25	0,25	0,25	0,25	0,50	0,50	0,50	0,50	0,50
Briques, intérieur // //	0,38	0,51	0,64	0,77	0,90	0,12	0,25	0,51	0,38	0,64
Coefficient (en calories). . . K =	1,0	0,9	0,75	0,65	0,6	1,3	1,0	0,9	0,75	0,65

Portes en bois

	0,020	0,030	0,040	0,050	0,060
Épaisseur du bois (en mètres).					
En sapin, à l'intérieur (en calories) . . . K =	2,12	1,73	1,46	1,26	1,11
// à l'extérieur // . . . K =	2,25	1,80	1,52	1,31	1,15
En chêne, à l'intérieur // . . . K =	2,84	2,51	2,25	2,03	1,90
// à l'extérieur // . . . K =	3,10	2,70	2,40	2,15	1,94

Vitrages, planchers et plafonds

Désignation		Calories
Fenêtres à simple vitrage . . . . Les épaisseurs de verre, K =		3,8
// à double // . . . . dans les limites ordi- K =		2,15
Plafonds vitrés, simple couverture de verre. naires, n'ont aucune in- K =		5,4
// // double // // fluence sensible. K =		3,0
// en planches jointives, poutrage apparent . . . . K =		0,8
// ordinaires sous solives cachées . . . . K =		0,5
// en planches de 25mm sous couverture en carton bitumé . . . . K =		2,2
// // // // en ardoises . . . . . . K =		2,2
// sous toiture en tôle ondulée . . . . K =		10,4
Plancher en dalles, sur cave . . . . K =		1,0
// // sur terre-plein . . . . K =		1,4

Pour les plafonds et planchers d'étages, le plus souvent, deux cas sont à considérer ; sui-

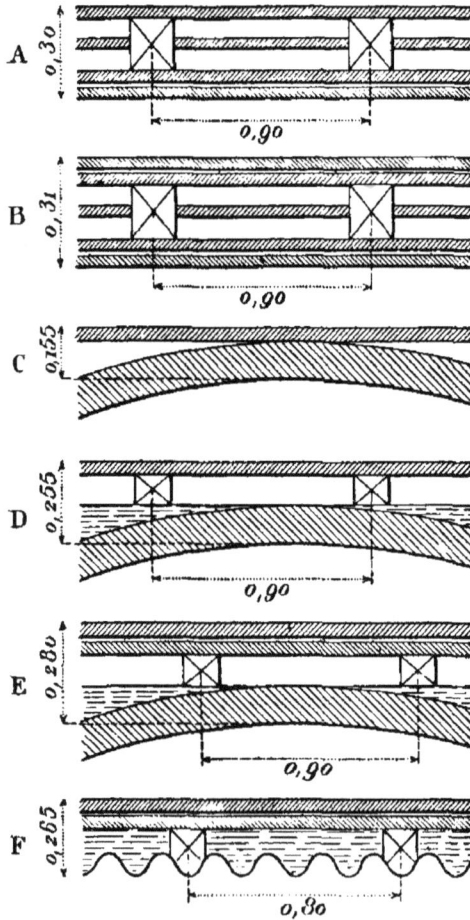

Fig. 4 à 9.

vant que l'air chaud se trouve en dessus ou au-dessous, la valeur de k est moindre lorsque l'air chaud se trouve en dessus et l'air froid en dessous (Deny) (*fig.* 4 à 9).

Disposition A

Calories

Air froid en dessous du plancher, K =   0.47
//   au dessus   //   K =   0,32

Disposition B

Air froid en dessous du plancher, K =   0,44
//   au dessus   //   K =   0,31

Disposition C

K = 1 calorie

Disposition D

Air froid en dessous du plancher, K =   0,71
//   au dessus   //   K =   0,44

Disposition E

Air froid en dessous du plancher, K =   0,58
//   au dessus   //   K =   0,29

Disposition F

K = 0^{cal},65

N. B. — Les valeurs de K données précédemment ne sont pas des nombres toujours absolument exacts nous disent les auteurs : mais ce sont les coefficients de transmission, en calories, par heure, par mètre carré de parties de construction et par degré C. de différence de température, qui correspondent le mieux à la pratique courante adoptée par les constructeurs dans leurs devis de chauffage.

e) Pertes de chaleur par les planchers. —
Les pertes de calorique que l'on éprouve lorsqu'une partie du corps vient au contact d'un
plancher dépendent, toutes choses égales, de la
capacité calorifique et de la conductibilité des
matériaux constituant ce plancher. C'est aux
différences que présentent ces deux propriétés
thermiques que l'on attribue les diverses im-
pressions que le corps humain ressent lorsqu'il
touche des morceaux de bois, de marbre ou de
métal qui se trouvent depuis longtemps dans la
même pièce et sont à la même température. Le
pied nu est si sensible à ces différences qu'il
nous fait exagérer les pertes de chaleur leur
correspondant. M. Vallin a trouvé que, dans une
chambre à + 15 ou à + 18°, un thermomètre
placé entre le pied nu et des plaques de matériaux divers, indiquait les températures suivantes :

Chêne ciré	27 à 28°
Carreau d'asphalte comprimé	24ᵈ
Marbre	23°

Ces différences sont plus faibles qu'on n'aurait
pu le supposer d'après les sensations perçues.

Toutefois, il ne suffit pas d'être fixé sur la valeur thermique des matériaux constituant la

couche superficielle d'un plancher pour être
renseigné sur la valeur thermique du plancher
lui-même parce que cette valeur dépend encore
de la continuité de cette couche superficielle
ainsi que de l'agencement des couches sous-ja-
centes et des propriétés thermiques de ces dernières.

Sclavo, procédant à l'Institut hygiénique de
Rome à des expériences sur divers pavements,
obtint les résultats suivants :

Désignation	Température initiale	Abaissement de température au bout de 1/2 heure	Abaissement de température au bout de 1 heure
Pavage à la Napolitaine (brique émaillée)	32°	8°,5	13°,0
Pavage dit de Marseille (brique Appiani, de Trévise)	32	9,5	13,5
Asphalte comprimé . . .	32	9,0	13,25
Briquettes cimentées de Via-nini (ciment, sable et mar-bre)	32	11,0	15,0
Mosaïque à la Vénitienne .	32	10,5	14,5
Ciment de Gabellini . . .	32	9,75	14,0

(La température ambiante varia, pendant ces
expériences, de 11°,6 à 11°,9.)

Dans d'autres expériences, les abaissements de température étant cette fois observés au bout d'un quart d'heure, le même hygiéniste nota les valeurs ci-dessous concernant divers matériaux :

Désignation	Température initiale	Abaissement de température au bout de 15 minutes	Température ambiante
Marbre saccharoïde. . . .	33°,5	6°,75	19°,2
Brique de Vianini (ciment, sable et marbre)	35	5,50	18,2
Asphalte comprimé. . . .	35	5,00	18,3
Brique ordinaire rouge . .	35	4,25	18,2
// Appiani, de Trévise (argile comprimée) . . .	35	4,00	19,5
Xylolithe	35	4,00	20,0
Ciment	35	4,00	17,6
Bois de sapin	35	2,75	19,5
Linoleum	34	3,75	19,0
Tapis de jute	35,5	3,50	19,8
// peluche laine (trame de chanvre et coton). . .	35,5	2,75	19,8
Tapis de coco	35,5	2,50	18,2

Nocivité et toxicité des matériaux de construction. — Il est reconnu que les matériaux de construction peuvent exercer sur l'or-

ganisme humain une action, soit nocive, soit
toxique, par l'intermédiaire des poussières, des
gaz ou des produits solubles auxquels ils donnent
naissance dans certaines conditions. La présence
de microorganismes à l'intérieur de certains
matériaux de construction fait qu'avec raison,
l'hygiène se préoccupe des conséquences que ces
germes peuvent avoir au point de vue de la salubrité des habitations.

a) Poussières. — Les poussières qui se dé-
tachent des matériaux de construction, particulièrement sous l'action des frottements plus ou
moins énergiques auxquels ils sont soumis,
peuvent être toxiques ou indifférentes. Mais il
n'est point nécessaire, nous disent les médecins,
qu'elles soient toxiques pour qu'elles puissent
constituer un danger ; il est, en effet, aujour-
d'hui bien admis que des poussières indifférentes
peuvent, soit en se déposant sur la peau, y séjournant et obturant ses pores, soit en blessant
et irritant la conjonctive, soit en arrivant avec
l'air expiré, malgré les obstacles successifs
qu'elles rencontrent sur leur parcours, jusque
dans les voies pulmonaires, soit encore en pé-
nétrant dans les voies digestives avec les aliments ingérés ou la salive déglutie, provoquer
des lésions diverses. Sans doute, ces lésions

s'observent plus spécialement chez ceux qui, de par leur profession, sont exposés à une action plus intensive des poussières ou à l'action de poussières particulièrement nocives, mais il n'en faut pas moins reconnaître, avec M. Bertin-Sans, les méfaits généraux des poussières que nous respirons tous.

Les particules de poussière en suspension dans l'air des villes et des habitations sont fort nombreuses ; il a été démontré, au moyen de l'appareil du Dr Aitken, qu'en moyenne, chaque centimètre cube contient, dans Paris, 210 000 parcelles de poussière, que l'air de Londres, pour un même volume, en compte 150 000, tandis qu'au sommet du Righi (Suisse), on n'en enregistrait que 200. Quant aux germes, ils atteindraient, au dire de M. Miquel, jusqu'au chiffre de 2 400 000 par gramme de poussière ! Les matériaux utilisés pour la construction des maisons et, plus particulièrement, pour la confection des planchers, contribuent, pour une bonne part, à la richesse en poussières de nos habitations, poussières d'autant plus dangereuses qu'elles proviennent de surfaces se trouvant fréquemment exposées à des souillures spécifiques. La facilité avec laquelle ces poussières sont véhiculées par des courants d'air imperceptibles, la multiplicité des causes qui interviennent à tout moment dans les pièces pour déterminer leur soulèvement, permettent de se rendre compte du rôle qu'elles doivent jouer dans la dissémination des germes pathogènes. Il faut donc s'efforcer le plus possible de substituer notamment le nettoyage par voie humide au balayage à sec ou adopter ces appareils encore trop peu répandus faisant le vide par aspiration, afin d'enlever les poussières des surfaces qu'elles recouvrent sans, bien entendu, les soulever et les mettre en suspension dans l'air ambiant. Le mieux encore est de chercher à éviter la production de ces poussières en choisissant autant que possible des matériaux ne présentant point cet inconvénient et en recouvrant ceux qui leur donnent trop facilement naissance d'enduits capables de les supprimer; c'est ainsi que M. Lemoine a montré, par des analyses bactériologiques de l'air, que l'encaustique diminuait considérablement la quantité de poussières répandues par le nettoyage dans l'atmosphère des pièces.

La facilité avec laquelle les matériaux de construction donnent des poussières dépend de nombreuses conditions : de leur dureté, c'est-à-dire de la résistance qu'ils opposent lorsqu'on veut les rayer ou les déchirer par une arête vive d'un autre corps, — toutefois, il n'y a pas de relation absolue entre cette dureté et la difficulté d'émettre des poussières, un exemple, le goudron qui est très mou n'en donne pas d'une façon sensible, — de leur hygroscopicité, de la lenteur avec laquelle ils se dessèchent, de leur gélivité, etc.; autant de propriétés qui ont pour effet de s'opposer, dans une certaine mesure, à l'émission des poussières grâce à l'humidité qu'elles entretiennent, soit, au contraire, d'en faciliter la production, grâce à la délitation qu'elles provoquent.

Si les poussières toxiques sont moins répandues dans les habitations que les poussières indifférentes, du moins leur nocivité est plus certaine encore. Celles que les matériaux de construction peuvent fournir en quantité suffisante pour donner lieu à des accidents, sont les poussières plombiques et arsénicales provenant des couches de peinture, des tapisseries ou des tentures dont sont recouvertes les boiseries et les parois. On a constaté, chez des personnes habitant des appartements nouvellement restaurés, des cas d'empoisonnement par les poussières libérées lors du ponçage et du grattage de vieilles peintures. Quant aux couleurs arsénicales, elles

sont, il est vrai, à la suite de prohibitions par les
autorités, de moins en moins utilisées à l'état de
pureté, elles n'entrent pas moins trop souvent,
mélangées à d'autres, dans la composition de
bon nombre de peintures, de papiers peints ou
d'étoffes : le *vert de Schweinfurth* est de l'acéto-
arsénite de cuivre, le *vert de Scheele* est de
l'arsénite de cuivre ; de même, les *verts commerciaux* dits *minéral, perroquet, Suisse, Véro-
nèse, anglais, de Neuwied*, etc. Le *vert de Mités*
est de l'arséniate de cuivre, le *réalgar* (rouge)
est du bisulfure d'arsenic et l'*orpiment* (jaune)
du trisulfure. On mélange parfois de l'acide
arsénieux au mastic et à la colle afin d'empêcher sa fermentation ou pour se préserver des
punaises. On utilise encore certains produits
arsénicaux comme mordants pour la teinture.

Le temps n'amoindrit pas le danger ; les tapisseries arsénicales notamment sont, au bout
d'un certain nombre d'années, aussi dangereuses
que dans les premiers mois, parce que la couleur à plus de tendance à se convertir en poussière. Elles conserveraient même leur influence
nuisible après avoir été recouvertes d'un badi-
geon ou d'autres papiers (Reichardt).

Les matériaux de construction peuvent encore exercer sur l'organisme une action nui-

sible par le moyen de produits solubles toxiques
ou seulement nocifs qu'ils abandonnent dans
certaines circonstances à l'eau destinée à l'alimentation. C'est le cas du plomb utilisé, soit
pour des réservoirs destinés à la conservation
de l'eau, soit pour les canalisations de distribution, par suite de la présence de l'air et d'un sé-
jour trop prolongé de l'eau. Le cuivre rouge,
employé parfois dans les toitures et les chéneaux, peut communiquer des propriétés nocives
à l'eau de pluie et la rendre ainsi impropre à
l'alimentation ; le zinc serait aussi attaqué par
certaines eaux.

En outre des poussières qu'ils peuvent
émettre, les papiers peints et les tentures arsénicales peuvent encore, dans certains cas,
donner naissance à des produits gazeux arsénicaux plus dangereux que les poussières arsénicales, parce que l'on est sans défense contre eux.
Cette production de gaz, plus spécialement de
l'hydrogène arsénié, est favorisée par toutes les
conditions qui facilitent d'une manière générale
le développement des mucédinées (mousses,
moisissures), telles que l'humidité, l'abondance
d'oxygène, la présence d'amidon et de glucose,
etc.

b) Microorganismes. — Dès 1881, le prof.
Layet signalait l'infection possible des murs poreux par l'air qui les traverse et, en 1882, Poincaré observait de nombreux microbes à l'intérieur de pierres dont il étudiait les propriétés
hygiéniques. Depuis lors, Emmerich, Sanfelice,
Utpadel, Bovet, Serafini, Montefusco, etc., ont
montré que les matériaux de construction renferment plus ou moins des microorganismes,
soit qu'ils en contiennent déjà dans le sol à la
place même d'où on les extrait, soit qu'ils en reçoivent de l'eau qu'on leur ajoute pour les mettre
en œuvre, soit encore des multiples souillures
auxquelles ils sont exposés après leur emploi
même. Généralement, ces microorganismes sont
de simples saprophytes, néanmoins des pathogènes ont été trouvés, il est vrai, dans de vieux
murs et vieilles cloisons.

Des expériences ont montré que, sous une
pression de $0^m,10$ de mercure, l'air n'entraînait
pas les microorganismes à plus de 1 centimètre
de profondeur dans des matériaux même très
poreux comme le tuf et le mortier, et qu'il suf-
fisait, en outre, d'une épaisseur de 3 centimètres
de ces matériaux pour obtenir une filtration
parfaite de l'air. Il n'y a donc pas à se préoccuper du transport des germes par l'air à tra-

vers les parois des habitations, attendu que la
pénétration de l'air ne se fait point sous une
pression ainsi élevée et que l'épaisseur de ces
parois est presque toujours supérieure à 3 centimètres. Il n'en est pas de même du transport
par l'eau. L'eau peut, en effet, véhiculer ces
germes par capillarité à travers les pores des
matériaux jusqu'à une distance assez grande, et
sous l'influence d'une faible pression, 2 centimètres d'eau, elle peut leur faire traverser bon
nombre de matériaux, d'autant plus facilement
que la perméabilité de ces derniers est elle-même
plus élevée. Mais il faut dire que les murs sont
rarement placés dans les conditions de pression
d'eau et de durée d'imbibition voulues pour permettre la filtration des microorganismes à travers leur épaisseur. Il est enfin reconnu que les
microbes pathogènes, non seulement ne trouvent
guère, dans un pareil milieu, les conditions favorables à leur développement, mais qu'ils y sont
soumis à la concurrence, le plus souvent mor-
telle pour eux, des saprophytes. On peut donc
admettre que, quels soient les matériaux utilisés,
il n'y a pas à craindre, pour les habitations bien
construites, la pénétration à travers leurs murs
de microbes pathogènes transportés par l'eau.
Des réserves doivent seulement être faites pour

les parois des fosses, égouts ou aqueducs d'eau potable, le revêtement de cours, etc.

La plupart des hygiénistes qui ont effectué l'analyse bactériologique du mortier de chaux, ont constaté que ce mortier était généralement stérile ou très pauvre en germes, conséquence de l'action de la chaux qui entre pour 1/3 ou 1/4 dans la composition et dont le pouvoir désinfectant a été démontré par Pettenkofer, Liborius et Pfuhl. Les germes introduits dans le mortier lors de sa confection disparaissent au bout d'un temps plus ou moins court ; ainsi, Montefusco a trouvé, dans un centimètre cube de mortier fait avec de la pouzzolane, du sable et de l'eau contenant respectivement 672 000, 545 800 et 416 000 microorganismes :

Immédiatement après la préparation .	558 000	germes
Au bout de 2 jours	37 240	//
// 5 jours	8 800	//
// 1 mois	200	//
// 1 mois 1/2 . .	0	//

Manfredi, opérant sur 1 centimètre cube de mortier, la pouzzolane renfermant 960 000 germes par centimètre cube et le sable 1 150 pour la même proportion, obtint :

Immédiatement après la préparation	610 000 microorg.	
Après 12 heures	87 000	//
// 2 jours	9 000	//
// 3 jours	1 100	//
// 8 jours	660	//
// 15 jours	430	//
// 1 mois	350	//

Il faut toutefois ajouter que le mortier, lorsqu'il est soumis à l'action de l'eau d'une façon plus ou moins constante, perd, avec son hydrate de chaux, son pouvoir désinfectant.

En ce qui concerne le pouvoir filtrant des matériaux, nous donnons quelques-uns des résultats obtenus par Serafini et Montefusco (p. 156), le premier ayant opéré sur de petits blocs de 3 centimètres d'épaisseur qu'il faisait traverser par 10 litres d'air sous une pression de $0^m,10$ de mercure, le second, sur de petits cubes de $0^m,06$ de côté qu'il faisait traverser par 5 litres d'air sous une pression qu'il n'indique pas dans son étude.

Le transport des microorganismes par les liquides à travers des matériaux peut se faire, avons-nous dit, par capillarité ou par filtration, selon les conditions dans lesquelles les matériaux se trouvent placés. Pellegrini, opérant par capillarité sur des blocs ayant 3 centimètres d'épaisseur, a constaté que le *coli-bacille*, choisi pour ces expériences, ne s'était pas élevé, au bout

Expériences de Serafini et Montefusco

Désignation	Nombre de microorg. trouvés dans l'air du laboratoire	Nombre de microorg. trouvés dans le même air après son passage à travers les matériaux expérimentés	Nom de l'expérimentateur
Brique jaune faite à la main	200 à 400	o à 2	Serafini
Mortier	200 à 400	o à 1	//
Tuf	35	o	Montefusco
Brique faite à la machine (Martinoli). .	28	o	//
Brique faite à la machine (di Capua). .	25	1	//
Mortier	32	o	//

de 8 jours, à 1 centimètre dans le marbre, tandis qu'il avait pénétré à cette profondeur dans le xylolithe, qu'il avait atteint 2 centimètres dans l'asphalte et avait complètement traversé la brique cuite. Serafini, opérant par filtration, a obtenu les résultats indiqués ci-après (p. 157).

Montefusco a aussi constaté que, sous cette pression de 2 centimètres d'eau, le *Micrococcus prodigiosus* avait traversé, au bout de deux jours, des briques de 0^m,08 d'épaisseur et, au bout de 6 jours, des fragments de tuf de même dimen-

Expériences de Serafini

Durée de l'expérience	Matériaux	Bacille d'épreuve	Profondeur maxima atteinte par le bacille
14 jours	Tuf rougeâtre . . .	M. prodigiosus	0,06
23 //	// jaunâtre . . .	//	//
41 //	Brique rouge à la machine	B. rouge de Kiel	0,10
12 //	Brique jaune à la main	//	//
14 //	Brique jaune à la main	//	0,12
36 //	Tuf rougeâtre . . .	M. prodigiosus	0,10
40 //	// jaunâtre . . .	B. rouge de Kiel	0,08
7 //	Brique jaune à la main	//	0,10
18 //	Brique jaune à la main	//	0,13
22 //	Brique rouge à la main	//	0,10
26 //	Brique rouge à la machine	//	0,08

sion. Mais Biancotti a trouvé qu'il ne pénétrait pas dans le linoleum.

La salubrité des habitations fait que l'on doit attacher de l'importance au détachement possible

des microorganismes qui se trouvent à la surface, voire même dans les couches superficielles
des parois intérieures, à leur répartition en divers points des pièces, à leur résistance sur divers revêtements, enfin à la façon dont ils se
comportent sur ces revêtements à la désinfection. Mais ces études étant plus du domaine du
bactériologiste que du constructeur, nous ren-
voyons aux ouvrages spéciaux.

BIBLIOGRAPHIE

—

Prof. BERTIN-SANS. — *L'Habitation* (Baillière et fils, éditeurs, Paris).

F. et E. PUTZEYS. — *Hygiène des habitations* (Béranger, éditeur, à Paris).

BARDE. — *Salubrité des habitations et hygiène des villes* (Stapelmohr, éditeur, à Genève).

Dr PROUST. — *Traité d'Hygiène* (Masson et Cie, éditeurs, Paris).

Dr ARNOULD — *Éléments d'Hygiène* (Baillière et fils, éditeurs, Paris).

Dr GUIRAUD. — *Traité d'Hygiène.*

ROCHARD. — *Hygiène urbaine* (Encycl. d'hygiène).

SMOLENSKI. — *Traité d'Hygiène.*

Dr Th. WEYL. — *Histoire de l'Hygiène sociale* (Dunod et Pinat, éditeurs, Paris).

DURAND-CLAYE. — *Encycl. d'hygiène et de médecine publique* (1892).

Drs MACÉ et IMBEAUX. — *Hygiène des villes.*

BODIN. — *Bactéries de l'air, de l'eau et du sol* (Encycl. des Aide-Mémoire).

LÉVY (Michel). — *Traité d'Hygiène publique et privée* (Baillière et fils, éditeurs).

POINCARÉ. — *Recherches sur les conditions hygiéniques des matériaux de construction* (Annales d'Hygiène, t. VIII).

Bulletins de la Société suisse pour l'amélioration du logement.

J. LAHOR. — *Habitations à bon marché* (Larousse, éditeurs, Paris).

PROVENSAL. — *L'Habitation salubre et à bon marché* (Ch. Massin, éditeur, Paris).

    Etc.

TABLE DES MATIÈRES

—

SAINT-AMAND (CHER). — IMPRIMERIE BUSSIÈRE

LIBRAIRIE GAUTHIER-VILLARS
55, Quai des Grands-Augustins, Paris (6e).

Envoi franco contre mandat-poste ou valeur sur Paris.

LEÇONS
DE
PHYSIQUE GÉNÉRALE

PAR

James CHAPPUIS,	Alphonse BERGET,
Professeur de Physique générale à l'École Centrale des Arts et Manufactures.	Attaché au Laboratoire des Recherches physiques à la Sorbonne.

Cours professé à l'École centrale des Arts et Manufactures et complété suivant le programme du certificat de Physique générale.

Deuxième édition entièrement refondue; 4 vol. in-8 (25-16).

LES
ENROULEMENTS INDUSTRIELS
DES
MACHINES A COURANT CONTINU
ET A COURANT ALTERNATIF
(THÉORIE ET PRATIQUE)

Par Eugène MAREC,
Ancien Élève des Écoles d'Arts et Métiers,
Ingénieur diplômé de l'École supérieure d'Électricité.

AVEC UNE PRÉFACE DE PAUL JANET,
Directeur de l'École supérieure d'Électricité.

IN-8 (25-16) DE IX-240 PAGES, AVEC 212 FIGURES; 1910..... **9 FR.**

ENCYCLOPÉDIE

DES

SCIENCES MATHÉMATIQUES

PURES ET APPLIQUÉES,

Publiée sous les auspices des Académies des Sciences de Munich, de Vienne, de Leipzig et de Göttingue.

Édition française publiée d'après l'édition allemande

SOUS LA DIRECTION DE **Jules MOLK,**

Professeur à l'Université de Nancy.

L'édition française de l'*Encyclopédie* est publiée en sept tomes formant chacun trois ou quatre volumes de 300 à 500 pages in-8 (25-16) paraissant en fascicules de 10 feuilles environ.

Fascicules parus du Tome I :

Fascicules parus du Tome II :

LES

SUBSTANCES ISOLANTES

ET LES MÉTHODES D'ISOLEMENT

UTILISÉES DANS L'INDUSTRIE ÉLECTRIQUE

Par Jean ESCARD,

Ingénieur civil.

IN-8 (25-16) DE XX-314 PAGES, AVEC 182 FIGURES; 1911... **10** FR.

LA

MÉTALLOGRAPHIE

APPLIQUÉE AUX PRODUITS SIDÉRURGIQUES

Par U. SAVOIA,

Assistant de Métallurgie à l'Institut royal
technique supérieur de Milan.

OUVRAGE TRADUIT DE L'ITALIEN

In-16 (19-12) DE VI-218 PAGES AVEC 94 FIGURES; 1910... **3** FR. **25**

TRAITÉ

DE

RADIOACTIVITÉ

Par Madame P. CURIE,

Professeur à la Faculté des Sciences de Paris.

DEUX VOLUMES IN-8 (25-16) DE XIII-426 ET IV-548 PAGES,
AVEC 193 FIGURES, 7 PLANCHES ET UN PORTRAIT DE
P. CURIE; 1910................................... **30** fr

LIGNES ÉLECTRIQUES

SOUTERRAINES.

ÉTUDES, POSE, ESSAIS ET RECHERCHES DE DÉFAUTS

PAR

Ph. GIRARDET,	**W. DUBI**
Ingénieur I. E. G.	Ingénieur Polytechnicum de Zurich

IN-8 (23-14) DE 208 PAGES, AVEC 48 figures; 1910......... **5** FR.

PRÉCIS

DE

MÉCANIQUE RATIONNELLE

INTRODUCTION A L'ÉTUDE DE LA PHYSIQUE
ET DE LA MÉCANIQUE APPLIQUÉE

A L'USAGE DES CANDIDATS AUX CERTIFICATS DE LICENCE ET DES ÉLÈVES
DES ÉCOLES TECHNIQUES SUPÉRIEURES,

PAR

P. APPELL,
Professeur de Mécanique rationnelle
à la Faculté des Sciences
de l'Université de Paris.

S. DAUTHEVILLE,
Professeur de Mécanique rationnelle
à la Faculté des Sciences
de l'Université de Montpellier.

VOLUME IN-8 (25-16) DE VI-716 PAGES, AVEC 220 FIGURES; 1910. **25 FR**

LEÇONS

SUR LES

SÉRIES DE POLYNOMES

A UNE VARIABLE COMPLEXE

PAR

Paul MONTEL,
Docteur ès sciences,
Professeur au Lycée Buffon.

IN-8 (25-16) DE VIII-128 PAGES, AVEC 2 FIGURES; 1910... **3 FR. 50 C**

LES

FONCTIONS POLYÉDRIQUES

ET MODULAIRES,

Par G. VIVANTI,
Professeur à la Faculté des Sciences de Messine.

OUVRAGE TRADUIT,

Par Armand CAHEN,
Agrégé de l'Université, Professeur au Lycée de Cherbourg.

IN-8 (25-16) DE VII-316 PAGES, AVEC 52 FIGURES; 1910......... **12 FR**

LEÇONS

SUR LES

SYSTÈMES ORTHOGONAUX

ET LES COORDONNÉES CURVILIGNES,

Par G. DARBOUX,

Secrétaire perpétuel de l'Académie des Sciences,
Professeur de Géométrie supérieure à l'Université de Paris.

Deuxième édition, augmentée.

In-8 (25-16) DE VIII-567 PAGES; 1910.................... **18 FR.**

LES OSCILLATIONS ÉLECTROMAGNÉTIQUES

ET LA

TÉLÉGRAPHIE SANS FIL

Par le Professeur Dr J. ZENNECK.

OUVRAGE TRADUIT DE L'ALLEMAND
Par P. BLANCHIN, G. GUÉRARD, E. PICOT,
Officiers de Marine.

DEUX VOLUMES IN-8 (25-16) SE VENDANT SÉPARÉMENT.

Tome I : *Les oscillations industrielles. Les oscillateurs fermés
à haute fréquence.* Volume de XII-505 pages, avec 422 figures;
1909.................... **17 fr.**

Tome II : *Les oscillateurs ouverts et les systèmes couplés, les
ondes électromagnétiques. La Télégraphie sans fil.* Volume de
VI-489 pages, avec 380 figures; 1909.................... **17 fr.**

SYSTÈMES CINÉMATIQUES

Par L. CRELIER,

Docteur ès sciences, Professeur au Technicum de Bienne,
Privat-Docent à l'Université de Berne.

IN-8 (20-13) DE 100 PAGES, AVEC 13 FIGURES ET UN PORTRAIT DU
COLONEL MANNHEIM. CARTONNÉ; 1911.................... **2 FR,**

COURS DE PHYSIQUE

DE L'ÉCOLE POLYTECHNIQUE,

Par J. JAMIN et E. BOUTY.

Quatre tomes in-8 (23-14), de plus de 4000 pages, avec 1587 figures et 14 planches; 1885-1891. .... **72 fr.**

TOME 1. — **9 fr.**

1ᵉʳ fascicule. — *Instruments de mesure. Hydrostatique;* avec 150 figures et 1 planche.................................... 5 fr.

2ᵉ fascicule. — *Physique moléculaire;* avec 93 figures....... 4 fr.

TOME II. — CHALEUR. — **15 fr.**

1ᵉʳ fascicule. — *Thermométrie, Dilatations;* avec 98 figures. 5 fr.

2ᵉ fascicule. — *Calorimétrie;* avec 48 fig. et 2 planches....... 5 fr.

3ᵉ fascicule. — *Thermodynamique. Propagation de la chaleur;* avec 47 figures .... 5 fr.

TOME III. — ACOUSTIQUE; OPTIQUE. — **22 fr.**

1ᵉʳ fascicule. — *Acoustique;* avec 123 figures................ 4 fr.

2ᵉ fascicule. — *Optique géométrique;* 139 fig. et 3 planches. 4 fr.

3ᵉ fascicule. — *Etude des radiations lumineuses, chimiques et calorifiques; Optique physique;* avec 249 fig. et 5 pl. 14 fr.

TOME IV (1ʳᵉ Partie). — ÉLECTRICITÉ STATIQUE ET DYNAMIQUE. — **13 fr.**

1ᵉʳ fascicule. — *Gravitation universelle. Électricité statique;* avec 155 figures et 1 planche.................................. 7 fr.

2ᵉ fascicule. — *La pile. Phénomènes électrothermiques et électrochimiques;* avec 161 figures et 1 planche................ 6 fr.

TOME IV (2ᵉ Partie). — MAGNÉTISME; APPLICATIONS. — **13 fr.**

3ᵉ fascicule. — *Les aimants. Magnétisme. Électromagnétisme. Induction;* avec 240 figures .... 8 fr.

4ᵉ fascicule. — *Météorologie électrique; applications de l'électricité. Théories générales;* avec 84 figures et 1 planche..... 5 fr.

TABLES GÉNÉRALES *des quatre volumes.* In-8; 1891.......... 60 c.

Des suppléments destinés à exposer les progrès accomplis viennent compléter ce grand Traité et le maintenir au courant des derniers travaux.

1ᵉʳ SUPPLÉMENT. — **Chaleur. Acoustique. Optique:** par E. BOUTY, Professeur à la Faculté des Sciences. In-8, avec 41 fig.; 1896. 3 fr. 50 c.

2ᵉ SUPPLÉMENT. — **Électricité. Ondes hertziennes. Rayons X;** par E. BOUTY. In-8, avec 18 figures et 2 planches; 1899. 3 fr. 50 c.

3ᵉ SUPPLÉMENT. — **Radiations. Électricité. Ionisation. Applications de l'Electricité. Instruments divers;** par E. BOUTY. In-8, avec 104 figures; 1900 .... 8 fr.

ENCYCLOPÉDIE DES TRAVAUX PUBLICS

ET ENCYCLOPÉDIE INDUSTRIELLE.

TRAITÉ DES MACHINES A VAPEUR

CONFORME AU PROGRAMME DU COURS DE L'ÉCOLE CENTRALE (E. I.)

Par ALHEILIG et C. ROCHE, Ingénieurs de la Marine.

Tome I 412 fig.) ; 1895 ..... **20 fr.** | Tome II (281 fig.) ; 1895 ...... **18 fr.**

CHEMINS DE FER

PAR

E. DEHARME, | **A. PULIN,**
Ingr principal à la Compagnie du Midi. | Ingr Inspr pal aux chemins de fer du Nord.

MATÉRIEL ROULANT. RÉSISTANCE DES TRAINS. TRACTION

Un volume in-8 (25-16), xxii-441 pages, 195 figures, 1 planche; 1895 (E.I.). **15 fr.**

ÉTUDE DE LA LOCOMOTIVE. LA CHAUDIÈRE

Un volume in-8 (25-16) de vi-608 p. avec 131 fig. et 2 pl.; 1900 (E.I.). **15 fr.**

ÉTUDE DE LA LOCOMOTIVE. MÉCANISME, CHASSIS
TYPES DE MACHINES

Un volume in-8 (25-16) de iv-712 pages, avec 288 figures et un atlas in-4°
(32-25) de 18 planches ; 1903 (E.I.). Prix......................... **25 fr.**

TRAITÉ GÉNÉRAL

DES AUTOMOBILES A PÉTROLE

Par Lucien PÉRISSÉ,
Ingénieur des Arts et Manufactures.

In-8 (25-16) de iv-503 p. avec 286 fig.; 1907 (E. I.)... **17 fr. 50 c.**

INDUSTRIES DU SULFATE D'ALUMINIUM,
DES ALUNS ET DES SULFATES DE FER,

Par Lucien GESCHWIND, Ingénieur-Chimiste.

Un volume in-8 (25-16), de VIII-364 pages, avec 195 figures; 1899 (E.I.). **10 fr.**

COURS DE CHEMINS DE FER
PROFESSÉ A L'ÉCOLE NATIONALE DES PONTS ET CHAUSSÉES,

Par C. BRICKA,
Ingénieur en chef de la voie et des bâtiments aux Chemins de fer de l'État.

DEUX VOLUMES IN-8 (25-16); 1894 (E. T. P.).

TOME I : avec 326 fig.; 1894.. **20 fr.** | TOME II : avec 177 fig.; 1894.. **20 fr.**

COUVERTURE DES ÉDIFICES
Par J. DENFER,
Architecte, Professeur à l'École Centrale.

UN VOLUME IN-8 (25-16), AVEC 429 FIG.; 1893 (E. T. P.). **20 FR.**

CHARPENTERIE MÉTALLIQUE
Par J. DENFER,
Architecte, Professeur à l'École Centrale.

DEUX VOLUMES IN-8 (25-16); 1894 (E. T. P.).

TOME I : avec 479 fig.; 1894.. **20 fr.** | TOME II : avec 571 fig.; 1894.. **20 fr.**

ÉLÉMENTS ET ORGANES DES MACHINES
Par Al. GOUILLY,
Ingénieur des Arts et Manufactures.

IN-8 (25-16) DE 406 PAGES, AVEC 710 FIG., 1894 (E. I.).. **12 FR.**

MÉTALLURGIE GÉNÉRALE

Par U. LE VERRIER,

Ingénieur en chef des Mines, Professeur au Conservatoire des Arts et Métiers.

VOLUMES IN-8 (25-16) SE VENDANT SÉPARÉMENT (E. I.) :

I. — *Procédés de chauffage.* Volume de 367 pages, avec 171 fig.; 1902.. **12 fr.**

II. — *Procédés métallurgiques et études des métaux.* Volume de 403 pages, avec 194 figures; 1905........................ **12 fr.**

VERRE ET VERRERIE

Par Léon APPERT et Jules HENRIVAUX, Ingénieurs.

In-8 (25-16) avec 130 figures et 1 atlas de 14 planches; 1894 (E. I.).... **20 fr.**

COURS
D'ÉCONOMIE POLITIQUE

PROFESSÉ A L'ÉCOLE NATIONALE DES PONTS ET CHAUSSÉES (E. I. P.)

Par C. COLSON,

Ingénieur en chef des Ponts et Chaussées.

SIX LIVRES IN-8 (25-16) SE VENDANT SÉPARÉMENT, CHACUN **6 FRANCS.**

LIVRE I : *Théorie générale des phénomènes économiques.* Un volume de 450 pages. 2ᵉ édition; 1907.

LIVRE II : *Le travail et les questions ouvrières.* Un volume de 344 pages; 1901. (Nouveau tirage.)

LIVRE III : *La propriété des biens corporels et incorporels.* Un volume de 342 pages; 1902.

LIVRE IV : *Les entreprises, le commerce et la circulation.* Un volume de 432 pages; 1903.

LIVRE V : *Les finances publiques et le budget de la France.* 2ᵉ édition revue et mise à jour. Un volume de 466 pages; 1909.

LIVRE VI : *Les Travaux publics et les transports.* 2ᵉ édition revue et mise à jour. Un volume de 528 pages; 1910.

SUPPLÉMENT aux Livres IV, V et VI. Brochure in-8; 1909 .... **1 fr.**

CHEMINS DE FER.

EXPLOITATION TECHNIQUE

Par MM.

SCHŒLLER,
Chef adjoint des Services commerciaux
à la Compagnie du Nord.

FLEURQUIN,
Inspecteur des Services commerciaux
à la même Compagnie.

UN VOLUME IN-8 (25-16), AVEC FIGURES; 1901 (E. I.).... **12 FR.**

TRAITÉ DES INDUSTRIES CÉRAMIQUES

Par E. BOURRY,
Ingénieur des Arts et Manufactures.

IN-8 (25-16), DE 755 PAGES, AVEC 349 FIG.: 1897 (E. I.). **20 FR.**

TEINTURE,

CORROYAGE ET FINISSAGE DES CUIRS

PAR

M.-C. LAMB, F. C. S.,
Directeur de la Section de Teinture
au Collège technique de la « Leathersellers' Company » de Londres

TRADUIT PAR

Louis MEUNIER,
Docteur ès sciences,
Chargé de cours à l'Université de Lyon,
Professeur à l'École française
de Tannerie.

Jules PRÉVOT,
Licencié ès sciences,
Ancien Élève des Écoles de Tannerie
de Lyon. Leeds, Londres,
Vienne et Freiberg.

IN-8 (25-16) DE VI–470 PAGES, AVEC 203 FIGURES ET 4 PLANCHES
D'ÉCHANTILLONS; 1910........ .... **20 fr.**

LE VIN ET L'EAU-DE-VIE DE VIN

Par Henri DE LAPPARENT,
Inspecteur général de l'Agriculture.

INFLUENCE DES CÉPAGES, CLIMATS, SOLS, ETC., SUR LE VIN, VINIFICATION, CUVERIE, CHAIS, VIN APRÈS LE DÉCUVAGE. ÉCONOMIE, LÉGISLATION.

IN-8 (25-16) DE XII-533 P., 111 FIG., 28 CARTES; 1895 (E.I.).   **12 FR.**

CHEMINS DE FER

A CRÉMAILLÈRE

Par M. LÉVY-LAMBERT.

IN-8 (25-16) DE IV-479 PAGES, AVEC 137 FIG.; 1908. (E. T. P.).. **15 fr.**

COURS DE CHEMINS DE FER

(ÉCOLE SUPÉRIEURE DES MINES),

Par E. VICAIRE Inspecteur général des Mines,
rédigé et terminé par F. MAISON, Ingénieur des Mines.

IN-8 (25-16) de 581 pages avec nombreuses fig.; 1903 (E. I.).   **20 fr.**

MACHINES
FRIGORIFIQUES.

CONSTRUCTION. FONCTIONNEMENT.
APPLICATIONS INDUSTRIELLES.

PAR

Dr H. LORENZ,
Professeur à l'École technique
de Dantzig.

Dr Ing. C. HEINEL,
Chargé de Cours à l'École technique
supérieure de Berlin.

Traduit de l'allemand sur la 4e édition avec l'autorisation des auteurs,

PAR

P. PETIT,
Professeur à la Faculté des Sciences
de Nancy, Directeur de l'École de Brasserie.

Ph. JACQUET,
Ingénieur,
Co-gérant des Brasseries Th. Boch et Ci.

2e ÉDITION FRANÇAISE CONSIDÉRABLEMENT AUGMENTÉE. VOLUME
IN-8 (25-16) DE VIII-424 PAGES, AVEC 314 FIGURES; 1910......   **15 FR.**

LES COMBUSTIONS INDUSTRIELLES

LE CONTRÔLE CHIMIQUE
DE LA COMBUSTION

Par Henri ROUSSET et A. CHAPLET,
Ingénieurs-Chimistes.

In-8 (25-16) DE IV-263 PAGES AVEC 68 FIGURES; 1909 .... **8 FR.**

ÉTUDE EXPÉRIMENTALE
DU CIMENT ARMÉ

Par R. FÉRET,
Chef du Laboratoire des Ponts et Chaussées à Boulogne-sur-Mer.

In-8 (25-16) de VI-778 pages, avec 197 figures; 1906 (E. I.). **20 fr.**

LA FORME
DU
LIT DES RIVIÈRES
A FOND MOBILE

Par L. FARGUE,
Inspecteur général des Ponts et Chaussées en retraite.

In-8 (25-16) de IV-187 pages, avec 55 fig. et 15 pl.; 1908 ..... **9 fr.**

LA TANNERIE

Par L. MEUNIER et C. VANEY,
Professeurs à l'École française de Tannerie.
Publié sous la direction de **LÉO VIGNON,**
Directeur de l'École française de Tannerie.

In-8 (25-16) DE 650 PAGES AVEC 98 FIGURES; 1903 (E. I.). **20 FR.**

BIBLIOTHÈQUE

PHOTOGRAPHIQUE

La Bibliothèque photographique se compose de plus de 200 volumes et embrasse l'ensemble de la Photographie considérée au point de vue de la Science, de l'Art et des applications pratiques.

MONOGRAPHIE DU DIAMIDOPHÉNOL EN LIQUEUR ACIDE,

Nouvelle méthode de développement.

Par G BALAGNY.

In-16 (19-12) de VIII-84 pages; 1907.......................... 2 fr. 75 c.

DICTIONNAIRE DE CHIMIE PHOTOGRAPHIQUE,

A l'usage des Professionnels et des Amateurs,

Par G. et A. BRAUN fils.

Un volume grand in-8 (25-16) de 500 pages........................... 12 fr.

LA PHOTOGRAPHIE DES COULEURS

PAR

LES PLAQUES AUTOCHROMES

Par VICTOR CRÉMIER.

In-16 (19-12) de VIII-112 pages; 1911.......................... 2 fr. 75

PRÉCIS DE PHOTOGRAPHIE GÉNÉRALE,

Par Édouard BELIN.

Deux volumes in-8 (25-16), se vendânt séparément.

TOME I : *Généralités. Opérations photographiques.* Vol. de VIII-246 pages, avec 96 figures; 1905.. 7 fr.
TOME II : *Applications scientifiques et industrielles.* Vol. de 233 pages avec 99 figures et 10 planches; 1905.. .... 7 fr.

TRAITÉ ENCYCLOPÉDIQUE DE PHOTOGRAPHIE,

Par C. FABRE, Docteur ès Sciences.

4 beaux vol. in-8 (25-16), avec 724 figures et 2 planches; 1889-1891.. **48 fr.**
Chaque volume se vend séparément **14 fr.**

Des suppléments destinés à exposer les progrès accomplis viennent compléter ce Traité et le maintenir au courant des dernières découvertes.

1ᵉʳ *Supplément* (A). Un beau vol. de 400 p. avec 176 fig.; 1892.......... **14 fr.**
2ᵉ *Supplément* (B). Un beau vol. de 424 p. avec 221 fig ; 1897.......... **14 fr.**
3ᵉ *Supplément* (C). Un beau vol. de 40) p. avec 215 fig.; 1903.......... **14 fr.**
4ᵉ *Supplément* (D). Un beau vol. de 414 p. avec 151 fig.; 1906.......... **14 fr.**
Les 8 volumes se vendent ensemble.................... **96 fr.**

CARNET PHOTOGRAPHIQUE.
QUINZE ANS DE PRATIQUE DE LA PHOTOGRAPHIE

Par A. CHARVET.

In-16 (19-12) de VI-88 pages, avec figures et 8 planches; 1910.. **2 fr. 75.**

LES POSITIFS SUR VERRE,
THÉORIE ET PRATIQUE,
Par H. FOURTIER.

2ᵉ édition. In-16 (19-12) de 188 pages, avec 1ⁿ figures; 1907... **2 fr. 75 c.**

LA PHOTOGRAPHIE AU CHARBON
PAR TRANSFERTS ET SES APPLICATIONS

Par G.-A. LIÉBERT.

In-8 (25-16) de VI-283 pages, avec 20 figures et une épreuve au charbon; 1908 .... **9 fr.**

CONSEILS AUX AMATEURS PHOTOGRAPHES,

Par MAURICE MERCIER.

In-16 (19-12) de VI-144 pages; 1907...................... **2 fr. 75 c.**

APPLICATIONS DE LA PHOTOGRAPHIE
AUX LEVÉS TOPOGRAPHIQUES EN HAUTE MONTAGNE,

Par HENRI VALLOT et JOSEPH VALLOT.

In-16 (19-12) de XIV-237 pages avec 36 figures et 4 planches; 1907... **4 fr.**

(Décembre 1910.)

46440 — Paris, Imp. Gauthier-Villars 55, quai des Grands-Augustins.

MASSON ET Cⁱᵉ, ÉDITEURS

LIBRAIRES DE L'ACADÉMIE DE MÉDECINE

120, BOULEVARD SAINT-GERMAIN, PARIS — VIᵉ ARR.

P. nº 664.   (Janvier 1911)   (Cᵐ L. H. D.)

EXTRAIT DU CATALOGUE [1]

Diagnostic et Traitement

des

Maladies de l'Estomac

Par le Dr Gaston LYON

Ancien chef de Clinique médicale à la Faculté de Médecine de Paris.

Un volume in-8° de 724 pages, avec figures. Cartonné toile. **12 fr.**

Vient de paraître :

Traité élémentaire ·

de Clinique Thérapeutique

Par le Dr Gaston LYON

HUITIÈME ÉDITION, REVUE ET AUGMENTÉE

Un volume grand in-8° de XII-1791 pages. Relié toile. . . . . **25 fr.**

Formulaire Thérapeutique

PAR MM.

G. LYON   **P. LOISEAU**

Ancien chef de clinique à la Faculté.   Ancien prépᵗ à l'Ecole de Pharmacie.

Avec la collaboration de MM. L. DELHERM et Paul-Émile LÉVY

SEPTIÈME ÉDITION, REVUE

Un volume in-18 tiré sur papier très mince, relié maroquin souple. **7 fr.**

(1) *La librairie envoie gratuitement et franco de port les catalogues suivants à toutes les personnes qui en font la demande :* — Catalogue général avec table générale analytique. — Catalogue des ouvrages d'enseignement.
Les livres de plus de 5 francs sont expédiés franco *au prix du Catalogue.*
Les volumes de 5 francs et au-dessous sont augmentés de 10 0/0 pour le port.
Toute commande doit être accompagnée de son montant.

Petite Chirurgie Pratique

PAR

Th. TUFFIER
Professeur agrégé
à la Faculté de Médecine de Paris,
Chirurgien de l'hôpital Beaujon.

P. DESFOSSES
Ancien interne des hôpitaux de Paris,
Chirurgien du Dispensaire
de la Cité du Midi.

TROISIÈME ÉDITION, ENTIÈREMENT REFONDUE

1 *vol. petit in-8° de* XII-570 *pages, avec* 325 *fig., cart. à l'angl.* **10** fr.

Précis de Technique Opératoire

PAR LES PROSECTEURS DE LA FACULTÉ DE PARIS

AVEC INTRODUCTION PAR LE Pr PAUL BERGER

DEUXIÈME ÉDITION ENTIÈREMENT REVUE ET AUGMENTÉE

Tête et Cou, par CH. LENORMANT. (3e *édit.*) — Thorax et membre supérieur, par A. SCHWARTZ. — Abdomen, par M. GUIBÉ. — Appareil urinaire et appareil génital de l'Homme, par PIERRE DUVAL (3e *édition*). — Appareil génital de la Femme, par R. PROUST. — Membre inférieur, par G. LABEY. — Pratique courante et Chirurgie d'urgence, par VICTOR VEAU (3e *édition*).

7 *vol., cart. toile. Chaque vol. illustré de plus de* 250 *fig.* . . **4** fr. **50**

TRAITÉ DE GYNÉCOLOGIE

Clinique et Opératoire

Par Samuel POZZI

Professeur de Clinique Gynécologique à la Faculté de Médecine de Paris
Membre de l'Académie de Médecine, Chirurgien de l'hôpital Broca.

QUATRIÈME ÉDITION ENTIÈREMENT REFONDUE

AVEC LA COLLABORATION DE F. JAYLE

2 *vol. gr. in-8° de* XVI-1500 *pages avec* 894 *fig., reliés toile.* . . **40** fr.

PRÉCIS D'OBSTÉTRIQUE

PAR MM.

A. RIBEMONT-DESSAIGNES
Professeur à la Faculté de Médecine
Accoucheur de l'hôpital Beaujon.

G. LEPAGE
Professeur agrégé à la Faculté
Accoucheur de l'hôpital de la Pitié.

SIXIÈME ÉDITION. Avec 568 fig., dont 400 dessinées par M. RIBEMONT-DESSAIGNES

1 *vol. grand in-8° de* 1420 *pages, relié toile.* . . . . **30** fr.

SIXIÈME ÉDITION, REVUE ET AUGMENTÉE DU

Traité de
Chirurgie d'urgence

PAR

Félix LEJARS

Professeur agrégé à la Faculté de Médecine de Paris,
Chirurgien de l'hôpital Saint-Antoine, Membre de la Société de chirurgie.

1 vol. grand in-8° de VIII-1185 *pages avec* 994 *figures, et* 20 *planches hors texte, relié toile.* . . . . **30** *fr.*

DEUXIÈME ÉDITION ENTIÈREMENT REFONDUE

Traité de
Technique Opératoire

PAR

CH. MONOD ET J. VANVERTS
Agrégé à la Faculté de Paris. Chirurgien des hôpitaux de Lille

2 vol. grand in-8° formant ensemble XII-2016 *pag. avec* 2337 *fig. dans le texte* . . . . **40** *fr.*

MÉDECINE OPÉRATOIRE

DES

VOIES URINAIRES

Anatomie Normale et
Anatomie Pathologique Chirurgicale

Par J. ALBARRAN

Professeur de clinique des Maladies des Voies urinaires
à la Faculté de Médecine de Paris, Chirurgien de l'Hôpital Necker.

Un volume grand in-8° de XII-991 *pages, avec* 561 *figures dans le texte en noir et en couleurs. Relié toile.* . . . . . **35** *fr.*

La Période Post-Opératoire

Soins, Suites et Accidents

PAR

Salva MERCADÉ

Ancien interne. Lauréat (médaille d'or) des hôpitaux de Paris.

1 vol. grand in-8°, de vi-550 *pages, avec* 82 *fig. dans le texte* . **12** fr. ,

Manuel de

Dentisterie Opératoire

PAR

Edward C. KIRK, D. D. S.

Professeur de clinique dentaire à l'Université de Philadelphie.

ADAPTATION FRANÇAISE

par Raymond LEMIÈRE

Docteur en Médecine et chirurgien dentiste de l'Université de Paris.

1 vol. gr. in-8° de vi-856 *pages, avec* 875 *figures dans le texte* . . **30** fr.

Abrégé d'Anatomie

PAR

P. POIRIER
Professeur à la Faculté de Paris.

A. CHARPY
Professeur à la Faculté de Toulouse.

B. CUNÉO
Professeur agrégé à la Faculté de Paris.

3 volumes in-8° formant ensemble 1620 *pages avec* 976 *figures en noir et en couleurs, richement reliés toile.* **50** fr.

Vient de paraître :

Le Vade-Mecum ❧ ❧ ❧ ❧ ❧ ❧

❧ ❧ ❧ ❧ ❧ ❧ du Médecin-Expert

PAR

A. LACASSAGNE
Professeur de Médecine légale
à l'Université de Lyon

L. THOINOT
Professeur de Médecine légale
à la Faculté de Paris

1 volume in-18, de xii-265 *pages, relié peau.* . . . . **6** fr.

Vient de paraître :

Traité des Maladies ✦ ✦ ✦ ✦

✦ ✦ ✦ ✦ ✦ ✦ ✦ du Nourrisson

PAR

Le Docteur A. LESAGE

Médecin des Hôpitaux de Paris

1 *volume in-8° de* VI-736 *pages, avec* 68 *figures dans le texte.* **10** fr.

Traité des Maladies ✦ ✦ ✦ ✦

✦ ✦ ✦ ✦ ✦ ✦ ✦ ✦ ✦ de l'Enfance

Deuxième édition, revue et augmentée, publiée sous la direction de MM. **J. GRANCHER** et **J. COMBY**, *5 volumes grand in-8°,* *avec figures* . . . . **112** fr.
TOME I. **22** fr. — TOME II. **22** fr. — TOME III. **22** fr. — TOME IV. **22** fr. — TOME V. **24** fr.

Vient de paraître :

Cent cinquante Consultations Médicales pour les Maladies des Enfants

Par le Dr Jules COMBY

Médecin de l'hôpital des Enfants-Malades.

1 *vol. in-16 de* IV-292 *pages, cartonné toile.* . . . . **3** fr. **50**

CHARCOT — BOUCHARD — BRISSAUD

Traité de Médecine

PUBLIÉ SOUS LA DIRECTION DE MM.

BOUCHARD | **BRISSAUD**

Deuxième édition. 10 volumes grand in-8°. . . . . **160** fr.

Chaque volume est vendu séparément :

Tome I, **16** fr.; *Tome II,* **16** fr.; *Tome III,* **16** fr. *Tome IV,* **16** fr. *Tome V,* **18** fr.; *Tome VI,* **14** fr.; *Tome VII,* **14** fr., *Tome VIII,* **14** fr. *Tome IX,* **18** fr.; *Tome X, avec table analytique des 10 volumes,* **18** fr.

MASSON ET Cⁱ, ÉDITEURS

Aide-Mémoire ✧ ✧ ✧ ✧ ✧ ✧
✧ ✧ ✧ ✧ ✧ de Thérapeutique

PAR

G.-M. DEBOVE — G. POUCHET — A. SALLARD

DEUXIÈME ÉDITION ENTIÈREMENT REVUE ET AUGMENTÉE

CONFORME AU CODEX DE 1908

1 *vol. in-8° de* VIII-911 *pages, relié toile* . . . . **18** fr.

Traité élémentaire ✧ ✧ ✧ ✧ ✧ ✧ ✧
✧ ✧ ✧ ✧ de Clinique Médicale
Par G.-M. DEBOVE
et A. SALLARD
Ancien interne des Hôpitaux.

1 *vol. grand in-8° de* 1296 *pages avec* 275 *figures, relié toile.* **25** fr.

Vient de paraître :

Leçons de ✧ ✧ ✧ ✧ ✧ ✧ ✧ ✧ ✧
✧ ✧ ✧ Pathologie digestive

PAR

M. LOEPER
Professeur agrégé à la Faculté de Médecine de Paris
Médecin des Hôpitaux.

1 *vol. in-8° de* VIII-301 *pages, broché* . . . . **6** fr.

Vient de paraître :

Précis Élémentaire
d'Anatomie, de Physiologie ✧ ✧ ✧ ✧
✧ ✧ ✧ ✧ ✧ ✧ ✧ ✧ et de Pathologie

PAR

P. RUDAUX
Ancien chef de clinique de la Faculté de Médecine

DEUXIÈME ÉDITION, ENTIÈREMENT REFONDUE

1 *vol. in-8° de* XXII-783 *pages avec* 538 *fig. dans le texte.* . . . . **9** fr.

Vient de paraître :

Manuel des Maladies du Foie
✹ ✹ ✹ ✹ et des Voies Biliaires

PUBLIÉ SOUS LA DIRECTION DE
G.-M. DEBOVE
Doyen honoraire de la Faculté de Médecine.

Ch. ACHARD	**J. CASTAIGNE**
Professeur de Pathologie générale à la Faculté, Médecin des Hôpitaux.	Professeur agrégé à la Faculté, Médecin des Hôpitaux.

Par J. CASTAIGNE et M. CHIRAY

1 vol. de 884 pages, avec 300 fig. dans le texte.. . . . . . . **20** fr.

Manuel des Maladies ✹ ✹ ✹ ✹
✹ ✹ ✹ ✹ ✹ ✹ du Tube Digestif

PUBLIÉ SOUS LA DIRECTION DE MM.
G.-M. DEBOVE

Ch. ACHARD	**J. CASTAIGNE**

TOME I : Bouche, Pharynx, Œsophage, Estomac,
par MM. G. PAISSEAU, F. RATHERY, J.-Ch. ROUX.

1 vol. gr. in-8° de 725 pages, avec figures dans le texte. **14** fr.

TOME II : Intestin, Péritoine, Glandes salivaires, Pancréas, par MM. M. LŒPER, Ch. ESMONET, X. GOURAUD, L.-G. SIMON, L. BOIDIN et F. RATHERY.

1 vol. gr. in-8° de VIII-808 pages, avec 116 figures dans le texte. **14** fr.

Manuel des Maladies des Reins ✹ ✹
✹ ✹ ✹ ✹ et des Capsules Surrénales

SOUS LA DIRECTION DE **MM. Debove, Achard et Castaigne**
Par J. CASTAIGNE, E. FEUILLÉE, A. LAVENANT,
M. LŒPER, R. OPPENHEIM, F. RATHERY.

1 vol. grand in-8°, de VIII-792 pages, avec fig. dans le texte. **14** fr.

MASSON ET Cⁱˢ, ÉDITEURS

COLLECTION DE PRÉCIS MÉDICAUX

(VOLUMES IN-8°, CARTONNÉS TOILE ANGLAISE SOUPLE)

Vient de paraître :

Biochimie, par E. LAMBLING, professeur de chimie organique à la Faculté de Médecine de Lille. . . . . . **8** fr.

Déjà publiés :

Introduction à l'étude de la Médecine, par G.-H. ROGER, professeur à la Faculté de Paris. *4ᵉ édition, entièrement revue.* . . . . **10** fr.

Physique biologique, par G WEISS, professeur agrégé à la Faculté de Paris. *Deuxième édition revue et augmentée, avec 543 figures.* . . . . **7** fr.

Physiologie, par Maurice ARTHUS, professeur à l'Université de Lausanne. *3ᵉ édition, avec 286 figures en noir et en couleurs.* . . . . **10** fr.

Chimie physiologique, par M. ARTHUS. *6ᵉ édition, avec 118 fig. et 2 planches* **6** fr.

Dissection, par P. POIRIER, professeur, et A. BAUMGARTNER, ancien prosecteur à la Faculté de Paris, *2ᵉ édition revue et augmentée, avec 241 figures.* . . . . **8** fr.

Examens de Laboratoire *employés en clinique,* par L. BARD, professeur à l'Université de Genève, avec la collaboration de MM. G. MALLET et H. HUMBERT, *avec 138 figures.* . . . . **9** fr.

Diagnostic médical et Exploration clinique, par P. SPILLMANN et P. HAUSHALTER, professeurs, et L. SPILLMANN, professeur agrégé à la Faculté de Nancy, *2ᵉ édition entièrement revue avec* 181 *figures* . . . . **8** fr.

Médecine infantile, par P. NOBÉCOURT, agrégé à la Fᵗᵉ. de Paris, *avec 77 fig. et 1 pl.*. **9** fr.

Chirurgie infantile, par E. KIRMISSON, professeur à la Faculté de Paris, *2ᵉ édition revue et augmentée* . . . . (*Sous presse*)

Médecine légale, par A. LACASSAGNE, professeur à l'Université de Lyon, *2ᵉ édition entièrement revue avec 112 fig. et 2 planches en couleurs* . . . . **10** fr.

Ophtalmologie, par V. MORAX, ophtalmologiste de l'hôpital Lariboisière, *avec 339 fig. et 3 pl.* **12** fr.

COLLECTION DE PRÉCIS MÉDICAUX *(Suite)*

Dermatologie, par J. DARIER, médecin de l'hôpital Broca, *avec 122 figures.* . . . . **12** fr.

Pathologie exotique, par E. JEANSELME, agrégé à la Faculté de Paris, Médecin des hôpitaux, et E. RIST, médecin des hôpitaux de Paris, *avec 160 figures et 2 planches en couleurs* . . . . **12** fr.

Thérapeutique et Pharmacologie, par A. RICHAUD, professeur agrégé à la Faculté de Paris, *avec figures* . . . . **12** fr.

Parasitologie, par E. BRUMPT, professeur agrégé à la Faculté de médecine de Paris, *avec 683 figures et 4 planches hors texte en couleurs* . . . . **12** fr.

Microbiologie clinique, par F. BEZANÇON, agrégé à la Faculté de Paris. *Deuxième édition entièrement revue, avec 148 figures.* . . . . **9** fr.

Précis de Pathologie Chirurgicale par MM. BÉGOUIN, BOURGEOIS, PIERRE DUVAL, A. GOSSET, JEANBRAU, LECÈNE, LENORMANT, R. PROUST, TIXIER, 4 volumes in-8°, cartonnés toile anglaise.

TOME I. — **Pathologie chirurgicale générale, Maladies générales des Tissus, Crâne et Rachis,** par MM. P. LECÈNE, R. PROUST, Professeurs agrégés à la Faculté de Paris, chirurgien des Hôpitaux, et L. TIXIER, Professeur agrégé à la Faculté de Lyon, chirurgien des hôpitaux. *1 volume in-8° de XVI-1028 pages avec 349 figures.* . . . . **10** fr.

TOME II. — **Tête, Cou, Thorax,** Par MM. H. BOURGEOIS, Oto-rhino-laryngologiste des Hôpitaux de Paris, et CH. LENORMANT, Professeur agrégé à la Faculté de Paris, Chirurgien des Hôpitaux. *1 volume in-8° de XII-984 pages, avec 312 figures.* . . . . **10** fr.

TOME III. — **Glandes mammaires, abdomen,** par MM. Pierre DUVAL, A. GOSSET, P. LECÈNE, Ch. LENORMANT, Professeurs agrégés à la Faculté de Paris, chirurgiens des Hôpitaux. *1 vol. in-8° de XII-781 pages, avec 352 figures.* . . . . **10** fr.

Pour paraître en 1911 :

TOME IV. — **Organes génito-urinaires, membres,** par MM. P. BÉGOUIN, E. JEANBRAU, R. PROUST, L. TIXIER.

MASSON ET Cⁱᵉ, ÉDITEURS

Vient de paraître :

Manuel de
Pathologie interne

Par Georges DIEULAFOY
Professeur de Clinique médicale à la Faculté de médecine de Paris
Médecin de l'Hôtel-Dieu, membre de l'Académie de médecine.

SEIZIÈME ÉDITION
entièrement refondue et considérablement augmentée.
*4 vol. in-16 diamant, avec figures en noir et en couleurs, cartonnés à
l'anglaise, tranches rouges.* **32 fr.**

Clinique Médicale de l'Hôtel-Dieu de Paris
par le Professeur G. DIEULAFOY. *5 vol. gr. in-8°, avec figures
dans le texte.*

I.	1896-1897. 1 vol. in-8°, avec figures	**10** fr.
II.	1897-1898. 1 vol. in-8°, avec figures.	**10** fr.
III.	1898-1899. 1 vol. in-8°, avec figures.	**10** fr.
IV.	1900-1901. 1 vol. in-8°, avec figures.	**10** fr.
V.	1905-1906. 1 vol. in-8°, avec figures et planches	**10** fr.
VI.	1909. 1 vol. in-8°, avec figures et planches hors texte.	**10** fr.

L'Alimentation et les Régimes
chez l'homme sain ou malade
Par Armand GAUTIER
Professeur à la Faculté de Médecine, Membre de l'Institut.
TROISIÈME ÉDITION, REVUE ET AUGMENTÉE
1 volume in-8° de VIII-756 pages, avec figures . . . . . . **12** fr.

Bibliothèque d'Hygiène thérapeutique
FONDÉE PAR le Professeur PROUST

Chaque ouvrage, in-16, cartonné toile, tranches rouges : **4 fr.**

Hygiène du Dyspeptique. 2ᵉ *éd.* — **Hygiène du Goutteux.** 2ᵉ *éd.*
— **Hygiène de l'Obèse.** 2ᵉ *éd.* — **Hygiène des Asthmatiques.** —
Hygiène et thérapeutique thermales. — **Les Cures thermales.**
— **Hygiène du Neurasthénique.** 3ᵉ *éd.* — **Hygiène du Tuberculeux.** 2ᵉ *éd.* — **Hygiène et thérapeutique des Maladies de la
Bouche.** 2ᵉ *éd.* — **Hygiène des Maladies du Cœur.** — **Hygiène
thérapeutique des Maladies des Fosses nasales.** — **Hygiène
des Maladies de la Femme.** — **Hygiène du Syphilitique.** 2ᵉ *éd.*

BIBLIOTHÈQUE DE THÉRAPEUTIQUE CLINIQUE
à l'usage des Médecins praticiens.

Vient de paraître :

Thérapeutique usuelle des Maladies de l'Appareil Respiratoire

Par le Dr A. MARTINET
Ancien interne des Hôpitaux de Paris.

1 *volume in-8° de* IV-295 *pages avec* 36 *figures, broché.* . . **3** fr. **50**

Publiés antérieurement :

Les Régimes usuels, par les Drs **P. LE GENDRE,** Médecin de l'Hôpital Lariboisière et **A. MAR-**
TINET, ancien interne des Hôpitaux de Paris. 1 *vol. in-8° de* IV-434 *pages, broché* . . . . **5** fr.

Les Aliments usuels, Composition — Préparation, par le Dr **A. MARTINET,** 2° édi-
tion entièrement revue. 1 *vol. in-8°, de* VIII-352 *pages avec fig.* **4** fr.

Les Médicaments usuels, par le Dr **A. MARTINET** 3° *édition, revue et aug-*
mentée, conforme au Codex (1908), 1 *vol. in-8° de* XIV-516 *pages.* **5** fr.

Les Agents Physiques usuels, Climatothérapie —Hydrothérapie
Kinésithérapie — Thermothérapie — Electrothérapie — Radiumthérapie, par les Drs **A. MARTINET, MOUGEOT, DES-**
FOSSES, DUREY, DUCROCQUET, DELHERM, DOMINICI. 1 *vol.*
in-8° de XVI-633 *pages, avec* 170 *figures et* 3 *planches* . . . . **8** fr.

Clinique Hydrologique, par les docteurs **F. BARADUC** (de Châtel-Guyon), **FÉLIX BER-**
NARD (de Plombières) — **M. E. BINET** (de Vichy) — **J. COTTET**
(d'Evian) — **L. FURET** (de Brides)—**A. PIATOT** de Bourbon-Lancy)
— **G. SERSIRON** (de la Bourboule) — **A. SIMON** (d'Uriage) —
E. TARDIF (du Mont-Dore). 1 *vol. in-8° de* X-636 *pages* . . **7** fr.

Traité de Chimie Minérale

PUBLIÉ SOUS LA DIRECTION DE **HENRI MOISSAN**, Membre de l'Institut.

5 forts volumes grand in-8°, avec figures. . . . . . **150** fr.

Chaque volume est vendu séparément

TOME I (*complet*). **Métalloïdes. 28** fr. — TOME II (*complet*). **Métal-loïdes. 22** fr. — TOME III (*complet*). **Métaux. 34** fr. — TOME IV (*complet*). **Métaux. 36** fr. — TOME V (*complet*). **Métaux 34** fr.

Traité d'Analyse chimique quantitative,

par **R. FRESÉNIUS**, *Huitième édition française*, d'après la *sixième édition allemande*, revue et mise au courant des travaux les plus récents par le Dr **L. Gautier**. 2 vol. in-8°, formant ensemble XII-1652 pages, avec 430 fig. dans le texte. . . . . **18** fr.

Traité d'Analyse chimique qualitative,

par **R. FRESÉNIUS**. *Onzième édition française* d'après la 16e édition allemande, par **L. Gautier**. 1 volume in-8° . . . . **7** fr.

Traité de Chimie appliquée par **C. CHABRIÉ**, profes-seur de Chimie appliquée

à la Faculté des Sciences de l'Université de Paris. 2 vol. grand in-8°, formant ensemble XL-1594 pages avec 484 figures dans le texte, reliés toile anglaise. . . . . **44** fr.

Traité de Chimie industrielle, par **WAGNER** et **FISCHER**. *Qua-*

trième édition française entièrement refondue, rédigée d'après la *quinzième édition allemande*, par le Dr **L. Gautier**. 2 vol. grand in-8° d'ensemble 1830 pages avec 1033 figures dans le texte.. . . **35** fr.

Formulaire de l'Électricien
et du Mécanicien

de É. HOSPITALIER

VINGT-QUATRIÈME ÉDITION (1910)

Par G. ROUX

Expert près le Tribunal civil de la Seine,
Directeur du Bureau de contrôle des Installations électriques.

1 *vol. in-16 de* XI-1229 *pages, tiré sur papier très mince, relié toile souple* . . . . **10** *fr.*

MASSON ET Cⁱᵉ, ÉDITEURS

Vient de paraître:

L'ÉLECTRICITÉ
et ses Applications
PAR
Le Dʳ L. GRAETZ
Professeur à l'Université de Munich.

TRADUIT SUR LA QUINZIÈME ÉDITION ALLEMANDE
Par Georges TARDY, Ingénieur Conseil,
Préface par **H. LÉAUTÉ**, *Membre de l'Institut.*

1 *vol. grand in-8° de* xx-640 *pages avec* 62? *fig. Relié toile.* **12** fr.

Cours élémentaire de Zoologie
Par Rémy PERRIER
Chargé du cours de Zoologie pour le certificat d'études physiques, chimiques et naturelles (P.C.N.) à la Faculté des Sciences de l'Université de Paris.

QUATRIÈME ÉDITION, ENTIÈREMENT REFONDUE

1 vol. in-8°, de 864 pag., avec 721 *fig. dans le texte. Relié toile.* **10** fr.

TRAITÉ DE ZOOLOGIE
Par Edmond PERRIER
Membre de l'Institut et de l'Académie de Médecine,
Directeur du Muséum d'Histoire naturelle.

Fasc. I : **Zoologie générale,** *avec* 458 *figures* . . . . . . **12** fr.
Fasc. II : **Protozoaires et Phytozoaires,** *avec* 243 *figures* **10** fr.
Fasc. III : **Arthropodes,** *avec* 278 *figures* . . . . **8** fr.
Fasc. IV : **Vers et Mollusques,** *avec* 566 *figures* . . . . **6** fr.
Fasc. V : **Amphioxus, Tuniciers,** *avec* 97 *figures* . . **6** fr.
Fasc. VI : **Poissons,** *avec* 190 *figures* . . . . **10** fr.
Fasc. VII et dernier : **Vertébrés marcheurs.** (*En préparation.*)

Zoologie pratique basée sur la dissection des Animaux les plus répandus, par **L. JAMMES,** professeur adjoint à l'Université de Toulouse. *1 volume gr. in-8°, avec* 317 *figures. Relié toile.* **18** fr.

Éléments de botanique, par Ph. **VAN TIEGHEM,** Secrétaire perpétuel de l'Académie des Sciences, professeur au Muséum. *Quatrième édition. 2 vol. in-18, avec* 587 *fig. Reliés toile.* **12** fr.

Guides du Touriste, du Naturaliste et de l'Archéologue

publiés sous la direction de M. Marcellin BOULE

Le Cantal, par M. BOULE, docteur ès sciences, et L. FARGES, archiviste-paléographe (*épuisé*).

La Lozère, par E. CORD, ingénieur-agronome, G. CORD, docteur en droit, avec la collaboration de M. A. VIRÉ, docteur ès sciences.

Le Puy-de-Dôme et Vichy. par M. BOULE, docteur ès sciences, Ph. GLANGEAUD, maître de conférences à l'Université de Clermont, G. ROUCHON, archiviste du Puy-de-Dôme, A. VERNIÈRE, ancien président de l'Académie de Clermont.

La Haute-Savoie, par M. LE ROUX, conservateur du musée d'Annecy.

La Savoie, par J. RÉVIL, président de la Société d'histoire naturelle de la Savoie, et J. CORCELLE, agrégé de l'Université.

Le Lot, par A. VIRÉ, docteur ès sciences.

Chaque volume in-16, relié toile, avec figures et cartes en coul. : **4** *fr.* **50**

Pour paraître en 1911 : **Haute-Loire et Haut-Vivarais.**

En préparation : **Les Alpes du Dauphiné.**

Physique du Globe et Météorologie, par Alphonse BERGET, docteur ès sciences. *1 vol. in-8°, avec 128 figures et 14 cartes.* **15** fr.

OUVRAGES DE M. A. DE LAPPARENT
Secrétaire perpétuel de l'Académie des Sciences, professeur à l'École libre des Hautes-Etudes.

Traité de Géologie. *Cinquième édition, entièrement refondue. 3 vol. gr. in-8° contenant* XVI-*2016 pages, avec 883 figures* . **38** fr.

Abrégé de Géologie. *Sixième édition, augmentée. 1 vol. avec 163 figures et une carte géologique de la France, cartonné toile.* **4** fr.

Cours de Minéralogie. *Quatrième édition revue. 1 vol. grand in-8° de* XX-740 *pages, avec 630 figures et une planche* . . **15** fr.

Précis de Minéralogie. *Cinquième édition. 1 vol. in-16 de* XII-*398 pages, avec 235 fig. et une planche, cartonné toile.* . . . . . **5** fr.

Leçons de Géographie physique. *Troisième édition. 1 vol. de* XVI-728 *pages avec 203 fig. et une planche en couleurs* . . **12** fr.

La Géologie en chemin de fer. *1 vol. in-18 de 608 pages, avec 3 cartes chromolithographiées, cartonné toile.* . . . . . **7** fr. **50**

Le Siècle du Fer. *1 vol. in-18 de 360 pages, broché.* . . **2** fr. **50**

67995. — Imprimerie LAHURE, rue de Fleurus, 9, à Paris

www.ingramcontent.com/pod-product-compliance
Lightning Source LLC
Chambersburg PA
CBHW060555210326
41519CB00014B/3475